강함과 부드러움의 조화

격투기의 과학

머리말

나는 원래 허약한 체질이어서 스포츠에 전혀 소질이 없었고, 하물며 격투기는 무서워서 감히 도전할 엄두도 내지 못했다. 그런데 지금 나는 60대 후반의 나이이지만 대학의 타격 계열 격투기부의 주장급에게 '눈에 보이지 않는 속도의 정권지르기'를 적중시키고, 아이키도부나 유도부의 검은 띠가 힘껏 버텨도 간단히 중심을 무너뜨리거나 쓰러뜨릴 수 있게 됐다.

내가 생각해도 믿을 수 없을 정도의 변화인데, 이는 내가 '강한 사람이 왜 강한지 그 이유를 알면 나도 강해질 수 있을까?'라는 의문을 풀고자 오랫동안 과학적으로 격투기를 연구해 밝혀낸 성과를 나 자신의 몸으로 실천해 온 덕분이다.

이 책은 그 연구 성과를 알기 쉽게 해설한 것이다. 소질이 있는 사람은 물론이고 자신이 없는 사람도 이 책에서 해설한 과학적 방법으로 연습을 계속하면 틀림없이 불필요한 땀을 흘리지 않고도 실력을 높일 수 있을 것이다.

옛 명인들은 생사를 건 수련 끝에 도달한 경지를 시로 남겼다. 나도 과학적 연구를 통해 밝혀낸 사실의 일부를 알기 쉬운 전통 시로 남긴다.

제1장 '타격의 과학'과 제2장 '지르기 · 펀치의 과학', 제3장 '차기 · 킥의 과학'에서는 수많은 타격기의 충격력 발생 메커니즘, '날카로운' 혹은 '묵직한' 충격력을 발생시키는 원리와 이를 위한 합리적인 몸 사용법을 해설했다. 주먹을 상대에게 닿은 위치부터 찌르는 기술이나 한 번의 킥으로 이단

차기를 하는 기술도 해설했다.

두부(頭部)에는 날카롭게 보디에는 묵직하게　상황에 맞춰 사용하자 타격 기술
팔의 힘에 의지하는 것은 미숙함　강한 펀치는 허리에서 나온다
발은 가슴에서 뻗어 나왔다고 생각해라　강력한 위력의 돌려차기

제4장 '잡기 · 던지기 · 관절기의 과학'과 제5장 '방어의 과학'에서는 다양한 던지기 기술과 관절기의 역학적 원리, 체격이 우월한 상대의 지르기나 차기, 몸통 부딪치기, 잡기를 상대의 힘을 무효화해 작은 힘으로 방어하거나 반격하는 방법 등을 해설했다.

던지기는 세 개의 회전축으로　무너뜨리고 회전시켜 땅에 쓰러뜨려라
팔의 구조적 약점을 알고　손목을 제압하면 날아가는 상대
힘으로 받아내지 마라 지르기 차기 몸통 부딪치기　피하고 받아넘기고 반격하라

제6장 '수련 · 연습의 과학', 제7장 '무기 · 실전의 과학', 제8장 '기(氣)의 과학'에서는 무모한 연습으로 몸을 망가뜨리거나 불필요한 근육을 키우는 일 없이 강해지는 방법과 스포츠 격투기로는 대처하기 어려운 여러 명의 상대 또는 나이프 등 무기를 든 상대를 상대하는 방법을 전통 무술을 참고해 소개했다. 그리고 솔직히 말하면 내가 '기(氣)'를 조금 발할 수 있기에 '기'에 관해서도 해설했다.

내부 감각 날카롭게 포착해　기술에 활용하면 달인이 된다

품새를 바탕으로 자유롭게 움직여　규칙이 없는 실전에 활용하라

과학으로 해명 안 된 기이지만　사용하면 신비한 힘이 나온다

내 경험으로 미루어볼 때, 이 책에서 해설한 기술의 원리를 이해하고 합리적인 방법으로 수련을 계속한다면 탐구심 · 인내력과 함께 강함과 부드러움을 겸비한 심신을 단련할 수 있으리라 믿는다.

2011년 10월

요시후쿠 야스오

차례

제1장
타격의 과학

01 타격기의 충격력은 어떻게 발생할까? 10
02 날카로운 충격력과 묵직한 충격력의 차이를 좀 더 설명해 주시오 14
03 주먹이 빠를수록 펀치의 충격력이 증가할까? 16
04 회전 등주먹 치기나 회전 팔꿈치치기는 필살기의 위력을 지닌 기술로 보이는데, 실제로는 어떨까? 18
05 돌려차기가 스트레이트 · 앞차기 · 훅보다 피하기 어려운 이유는? 20
06 펀치든 킥이든 '벽을 만드는' 것이 중요하다고 하는데, 무슨 의미? 22
07 허세를 부리지 않는 상급자도 "잡아끈다는 생각으로 주먹이나 발을 내밀어라."라고 말하는 이유는? 24
08 몸집이 큰 상대에게 몸통 부딪치기를 당해 날아가 버렸는데, 대책은 없을까? 26
09 몸이 작아서 체격이 더 큰 상대와 힘 싸움을 하면 항상 밀리는데, 대책은 없을까? 30
10 중국 권법에서 사용한다는 몸통 부딪치기는 쉽게 피할 수 있지 않을까? 32
11 박치기의 위력은 어느 정도일까? 34
12 "스모가 강한 사람은 가라테도 강하다."라는 최영의 씨 말의 의미는? 36

제2장
지르기 · 펀치의 과학

13 단독 스트레이트보다 '원투 쪽이 더 강하다.'고 하는데, 사실일까? 40
14 훅은 스트레이트보다 강하다고 하는데 사실일까? 또 어퍼컷은? 42
15 펀치가 닿는 순간 주먹을 단단히 쥐는 이유는? 46
16 단타와 같은 수준의 강력한 펀치를 재빨리 연타할 수 있을까? 48
17 '뒷발을 앞으로 보내는' 펀치가 강하다고 하는데, 어떤 기술일까? 50
18 주먹을 뺀다는 생각으로 내지르면 빨라지는 이유는? 52
19 장저치기 기술은 손바닥치기와 어떻게 다를까? 54
20 글러브를 사용해도 안전하다고는 말할 수 없다는데, 정말일까? 56
21 권투에는 숏 펀치가 있는데, 더 가까운 거리에서도 때릴 수 있을까? 58
22 주먹을 상대에게 접촉시킨 상태에서 빼기만 해도 데미지를 줄 수 있다? 62
23 훅이나 어퍼컷이 스트레이트보다 맞히기 어렵고 주먹을 다치기 쉬운 이유는? 64
24 레슬러 출신의 선수는 어퍼컷 등 올려치는 펀치가 강하다? 66
25 키드니 블로는 왜 위험할까? 68
26 '내일의 죠'로 유명해진 크로스 카운터는 정말 위력이 있을까? 70
27 "라이트 훅은 어려우니까 함부로 쓰지 마라."라고 하는데, 그 이유는? 72
28 가라테의 정권지르기는 권투와 달리 "겨드랑이를 조여야 한다."고 하는데, 그 이유는 무엇일까? 74
29 팔꿈치치기가 왜 강력할까? 76

제3장
차기 · 킥의 과학

30 강한 돌려차기를 하려고 하면 팔을 반대 방향으로 휘두르게 되는 이유는? 80
31 라이트 스트레이트에서 오른발 돌려차기로 이어지는 콤비네이션을 자주 볼 수 있는 이유는? 82
32 브라질리언 킥이란? 84
33 무릎차기가 강력한 이유는 무엇일까? 또 어떻게 차야 위력이 강해질까? 86

34 돌려차기는 "발이 가슴에서 뻗어 나온다는 생각으로 차라."라고 하는데, 무슨 의미일까? 88
35 고 앤디 훅 선수의 화려한 '발뒤꿈치 내려찍기'는 얼마나 효과적이었을까? 90
36 다리를 '끝까지 휘두르는' 돌려차기와 '거둬들이는' 돌려차기에 위력의 차이가 있을까? 92
37 전통 가라테의 앞차기와 무에타이의 앞차기는 어떻게 다를까? 94
38 무릎차기의 준비 동작으로 상대를 붙잡는 '목씨름'이란? 98
39 목씨름에서 연결되는 무릎차기 공격에 대처할 방법은 없을까? 100
40 차는 발의 무릎을 멈추면 발끝이 빠르게 날아가는 '날카로운' 차기가 된다? 102
41 그렇다면 무릎을 급정지해 발끝을 가속시키는 발차기 기술은 없을까? 104

제4장

잡기 · 던지기 · 관절기의 과학

42 타격기는 한쪽 팔만 붙잡아도 저지할 수 있다? 108
43 타격기에 잡기를 도입하면 유리해질까? 110
44 덩치가 큰 사람에게 손목을 잡혀도 손을 옆으로 흔들면 상대의 뒤로 돌아갈 수 있다? 112
45 관절기를 걸려고 해도 상대가 버티면 손을 놓치는 등 좀처럼 성공하지 못한다 116
46 팔가로누워꺾기(암바)에 일단 제대로 걸리면 왜 빠져나올 수 없을까? 118
47 던지기 기술의 원리는? 120
48 밭다리후리기를 걸었다가 오히려 밭다리후리기를 당했다. 그 이유는? 122
49 유도의 기술에 대항하려면 어떻게 해야 할까? 124
50 미후네 규조 10단의 공기 던지기라는 신기한 기술은 어떤 기술? 126
51 인형이나 조각은 금방 쓰러지는데 왜 인간은 밀거나 당겨도 쓰러지지 않을까? 128
52 손목을 제압하기만 해도 어떻게 던질 수 있는 것일까? 130
53 손목을 제압하는 방법을 좀 더 구체적으로 설명하면? 132
54 목조르기는 왜 무서운 기술일까? 134

제5장

방어의 과학

55 고환을 노린 앞차기는 어떻게 방어해야 할까? 138
56 보디의 맷집을 강하게 만들려면 어떻게 해야 할까? 140
57 안면에 지른 주먹을 상대가 쳐낸 느낌도 없었는데 완전히 방어당했다. 어떻게 된 일일까? 142
58 악력이 강한 상대에게 손목을 잡혔을 때 힘에 의존하지 않고 빠져나올 방법은 없을까? 144
59 강력한 맨손 지르기를 어떻게 방어해야 할까? 146
60 돌진해 들어오는 상대에게 대처하는 방법은 Q08뿐일까? 148
61 던져질 때 데미지를 줄이는 낙법의 원리는? 150

제6장

수련 · 연습의 과학

62 격파 시범에 자주 사용되는 수도 치기는 실제로 사용이 가능한 기술일까? 154
63 가라테 무술가는 수도로 맥주병을 자르는데, 어떻게 단단한 유리를 손으로 자를 수 있는 것일까? 156
64 샌드백을 크게 흔들 정도의 펀치를 안면에 맞았지만 괜찮았다. 어째서일까? 158
65 역시 몸집이 크면 싸움에 유리할까? 160

66 '근육 트레이닝으로 만든 근육은 쓸모가 없다.'는 설은 사실일까? 162
67 등의 근육이 히트 머슬일까? 164
68 분명히 달인의 말대로 했는데도 잘 안 될 때가 있는 이유는 무엇일까? 166
69 정강이로 야구 방망이를 부러뜨리고 얼음 기둥을 깨는 사람은 급소인 정강이를 어떻게 단련한 것일까? 170
70 체력이 없는 탓인지 좀처럼 강해지지 않는다. 어떡하면 좋을까? 172
71 가라테에서는 볏짚을 감은 기둥을 쳐서 주먹을 단련하는데, 그렇게 하면 정말 주먹이 강해질까? 174
72 풋워크는 그저 이리저리 깡충깡충 뛰기만 하면 되는 것이 아닌가? 176

제7장 무기 · 실전의 과학

73 상대의 지르기를 쳐내고 오른 주먹으로 지르는 가라테의 품새를 실전에서도 사용할 수 있을까? 180
74 글러브를 사용하는 시합과 맨주먹 싸움은 어떻게 다를까? 182
75 나이프를 든 상대와는 어떻게 싸워야 할까? 184
76 시합에서는 반칙이 되는 전통 무술(가라테 등)의 기술은 위력이 있을까? 186
77 혼자서 여러 명과 싸우는 방법이 있을까? 188
78 생초보가 숙련자에게 이길 가능성이 있을까? 190
79 맨손으로 나이프와 싸우는 것은 무리이지만, 간단한 무기로 대항하는 방법은 없을까? 192
80 '검도 3배단'이라는 말을 들은 적이 있는데, 정말 검도가 그렇게 강한가? 194
81 목검 사용법을 익힌 상대에게 어떻게 맞서야 할까? 196
82 고류 가라테나 중국 권법보다 풀 콘택트 가라테나 무에타이의 돌려차기가 더 강하지 않을까? 198
83 그렇기는 하지만 무에타이나 풀 콘택트 가라테의 돌려차기는 실전에서도 효과가 있지 않을까? 200
84 K-1에서는 상단 돌려차기를 팔로 방어하는데, 다른 무술에서는 어떻게 대응할까? 202
85 아이키도나 태극권은 무술이라기보다 춤처럼 보이기도 하는데, 실전에서 쓸모가 있을까? 206
86 아이키도나 태극권 같은 전통 무술이 강한 비밀은 무엇일까? 208
87 과연 최강 격투기는 무엇일까? 기왕이면 최강의 격투기를 배우고 싶다 210
88 스모는 알몸에 마와시만을 착용하는데, 옷을 입고 있어도 응용할 수 있는 기술은 없을까? 214

제8장 기(氣)의 과학

89 전통 무술의 준비 자세는 어쩐지 허술해 보이는데, 그래도 괜찮은 것일까? 218
90 전통 무술의 '기'는 정말 있는 것일까? 있다면 위력은 어느 정도일까? 220

후기 222
참고문헌 225
찾아보기 226

제 1 장 타격의 과학

Question 01

타격기의 충격력은 어떻게 발생할까?

비단 타격기에만 적용되는 이야기는 아니지만, 충격력은 어떤 속도로 움직인 물체가 다른 물체(목표)에 충돌해 그 속도가 단시간에 급감 혹은 완전 정지할 때 발생한다. 작용 반작용의 법칙에 따라 어떤 순간에든 물체로부터 목표로 작용하는 힘과 목표로부터 물체에 작용하는 힘의 크기는 완전히 같으며 방향은 정반대다. 이 한 쌍의 힘에 목표는 (고정되어 있지 않다면) 날아가 버리고, 반대로 물체는 급감속한다.

무거운 물체가 고속으로 움직일수록 기세가 강하고 충격력이 커진다는 것은 직감적으로 알 수 있는데, 물체의 기세를 운동량이라고 하며,

운동량 = 질량 × 속도

의 관계가 있다. 질량은 무게(중량)라고 생각해도 무방하다. 이 물체가(고정되어 있는) 목표에 충돌했다고 가정하자. 물체가 목표와 접촉한 순간부터 충격력이 발생하기 시작한다. 접촉 면적이 커짐에 따라 충격력도 커진다. 위에 나와 있듯이 충격력이 큰 순간일수록 물체의 감속도도 커지며, 마지막으로 물체가 완전 정지한 순간에 충격력이 끝난다.

가로축에 시간, 세로축에 각 순간의 충격력의 크기를 나타낸 그래프를 충격력 곡선이라고 하자. 충격력 곡선을 보고 파악할 수 있는 중요한 양은 충격력의 최댓값 F_M과 곡선 아래의 면적으로 나타나는 충격량 I다.

"이 사람의 펀치력은 몇 kgw※."이라고 말하는 것은 충격력의 최댓값 F_M을 의미한다. 최댓값이 클수록 목표, 예를 들어 두부(頭部)가 그에 비례한 크기의 가속도로 움직여 내부의 뇌에 충격이 전달되어 다운으로 이어질 만큼

※ 1 kgw(킬로그램중)이란 보통 "1 kg의 힘"이라고 말할 때의 힘으로, 무게 1 kg의 물체를 조용히 올려놓았을 때 가해지는 힘을 의미한다.

충격력 F와 시간 T의 관계

F_M : 충격력의 최댓값
I : 충격량
T : 충격력의 발생 시간
(기술의 종류에 따라 수 밀리초~수십 밀리초의 범위)

※ 1밀리초 = 1,000분의 1초

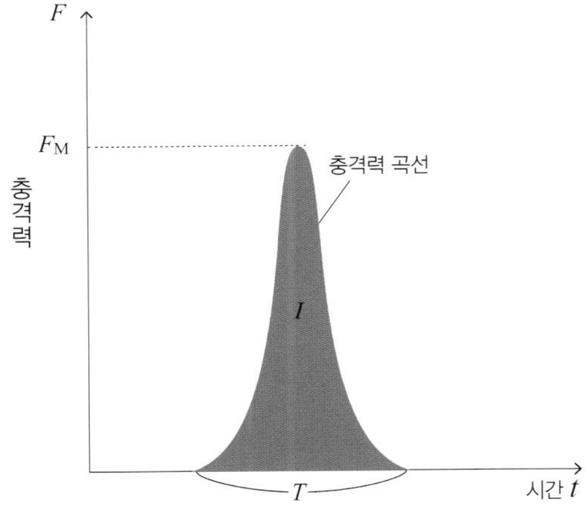

↑ 충격력의 발생 시간 T가 짧기 때문에 충격량 I는 크지 않지만 순간적으로 커다란 충격력의 최댓값 F_M이 발생한다(날카로운 충격력).

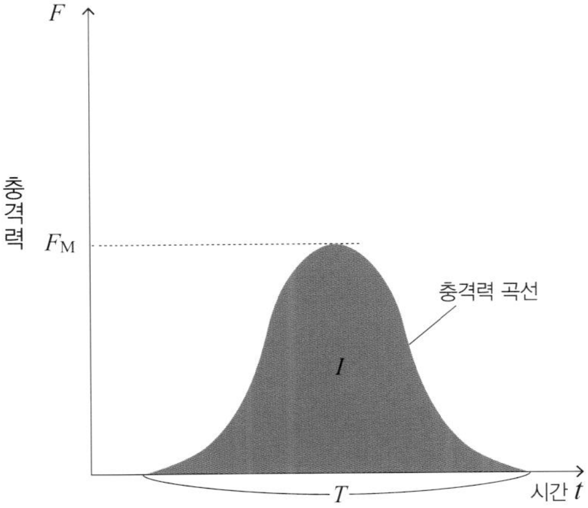

↑ 충격력의 최댓값 F_M은 그다지 크지 않지만 충격력의 발생 시간 T가 길기 때문에 충격력의 최댓값 F_M에 비해 충격량 I가 크다(묵직한 충격력).

의 데미지가 된다. 순간적인 최댓값이 큰 충격력을 '날카로운 충격력'이라고 부를 수도 있다. 최댓값이 같더라도 충격력이 발생하는 시간이 길면 곡선 아래의 면적, 즉 충격량이 커진다. 계산은 생략하지만,

충격량 = 충돌한 물체의 운동량

의 관계가 있다. 또 목표가 고정되어 있지 않을 때,

목표에 가해진 충격량 = 날아간 목표의 운동량

의 관계가 있다. 충격량이 큰 펀치가 보디에 적중하면 충격력의 발생 시간이 길기 때문에 몸속 깊숙이 파고든다. 펀치를 맞은 사람의 체중이 같다면 뒤로 날아가는 속도도 충격량에 비례한다. 충격량이 큰 충격력을 '묵직한 충격력'이라고도 부를 수 있다.

앞에서 이야기했듯이 충돌하는 물체의 운동량이 같다면 충격량은 목표가 단단하든 부드럽든 상관없이 같아진다. 그러나 최댓값은 충격력 발생 시간이 짧을수록 커지며, 반대로 길수록 작아진다. 요컨대 똑같은 정권지르기라 해도 목표가 나무처럼 단단하고 변형되지 않는 것이라면 발생 시간이 짧아 최댓값이 커지며, 반대로 말랑말랑한 복부나 쿠션이라면 발생 시간이 긴 만큼 최댓값이 작아진다.

야구에서 포수가 미트를 빼면서 공을 받는 이유는 시간을 들여서 공을 받아냄으로써 손에 걸리는 충격력의 최댓값을 줄이기 위함이다. 같은 원리로 보디에 펀치를 맞을 때 닿은 부분을 뒤로 뺌으로써 시간을 들여서 펀치를 받아내면 최댓값이 줄어든다. 그래서 프로 복서는 안면에 대한 펀치, 예를 들면 턱으로 들어오는 롱 훅을 턱이 펀치로부터 멀어지는 방향으로 목을 돌림으로써 시간을 들여서 받아넘긴다.

질량과 속도의 관계

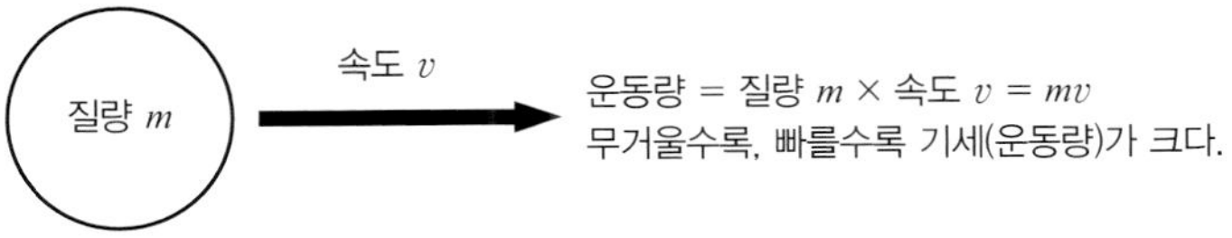

다양한 경우의 충격력 곡선

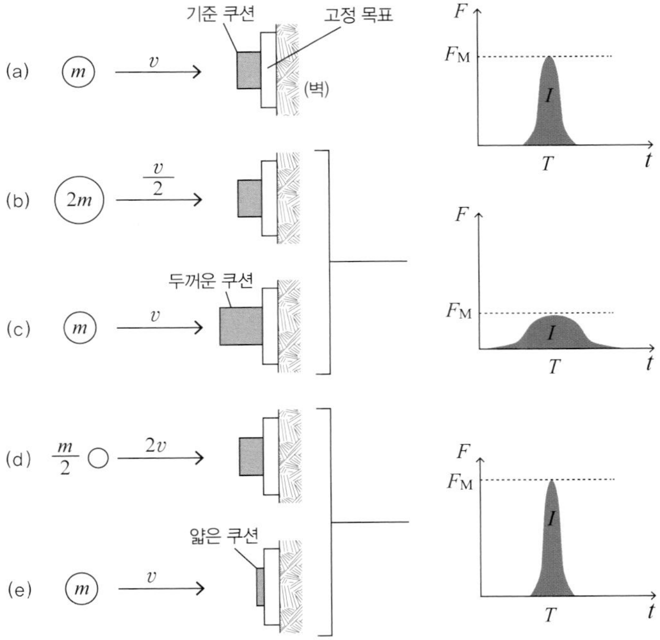

목표와 물체의 말랑말랑한 정도를 합쳐서 쿠션의 두께로 나타낸다.

(a)~(e)와의 관계도,

물체의 운동량 $= m \times v = 2m \times \frac{v}{2} = \frac{m}{2} \times v = mv$

이므로 충격량은 $I = mv$로 같다.

(a) 기준의 경우
(b) 물체는 무겁지만 저속→운동량이 긴 시간 T에 걸쳐 목표에 전달된다.
(c) 목표나 물체가 말랑말랑하다→운동량이 긴 시간 T에 걸쳐 목표에 전달된다.
(d) 물체는 가볍지만 고속→운동량이 짧은 시간 T에 걸쳐 목표에 전달된다.
(e) 목표나 물체가 딱딱하다→운동량이 짧은 시간 T에 걸쳐 목표에 전달된다.

Question
02

날카로운 충격력과 묵직한 충격력의 차이를 좀 더 설명해 주시오

앞에서 설명한 다음의 관계를 떠올리기 바란다.

충격량 = 충돌한 물체의 운동량 = 질량 × 속도

질량 1 kg인 물체가 초속 10 m(10 m/s)로 부딪히는 경우와 2 kg인 물체가 초속 5 m로 부딪히는 경우는 운동량이 양쪽 모두 10(단위는 kgm/s)이므로 충격량, 즉 '충격력의 무게'는 양쪽 모두 똑같이 10 kgm/s가 된다.

그러나 고속으로 부딪히는 1 kg의 물체는 충격력의 발생 시간(= 목표와 접촉을 시작한 순간부터 완전히 정지한 순간까지의 시간)이 짧기(거의 절반) 때문에 **2 kg의 물체보다 충격력의 최댓값이 커진다**(거의 2배). **'충격력의 무게'는 같아도 가벼운 물체가 고속으로 부딪히는 쪽이 '날카로워'지는 것**이다. 펀치든 킥이든 주먹이나 발끝※이 고속이 될수록 '날카로운 충격력'이 된다.

뇌가 들어 있는 두부를 뒤흔들어 쓰러뜨리는 펀치를 날리고 싶다면 최대한 빠르게 때려야 하는 것이다.

그렇다면 2 kg의 물체가 초속 10 m로 부딪힐 경우는 어떻게 될까?

목표가 되는 물체의 성질에 따라 달라지기는 하지만, 충격력 발생 시간이 같다면 최댓값이 두 배가 된다. 물론 충격량도 두 배가 된다.

단순히 생각하면 몸무게 50 kg인 복서와 100 kg인 복서가 같은 속도의 펀치를 날린다면 팔의 무게도 몸무게에 비례한다고 가정했을 때 최댓값과 충격량 모두 1 대 2가 된다. 근육 트레이닝으로 팔을 굵게 만들면 설령 속도가 같더라도 펀치력이 강화된다. 킥도 굵은 정강이로 차는 편이 위력이 강할 것이다.

※ '발'은 엄밀히 말하면 발목보다 아래쪽이고 '다리'는 발을 포함하는 하지 전체를 가리키지만, 이 책에서는 쉬운 이해를 중시하기 때문에 '발'로 통일했다.

주먹이나 발끝이 빠를수록
날카로운 충격력이 된다.

럭비의 태클 등은 운동량이 크므로
묵직한 충격력이 된다.

충격력과 시간의 관계

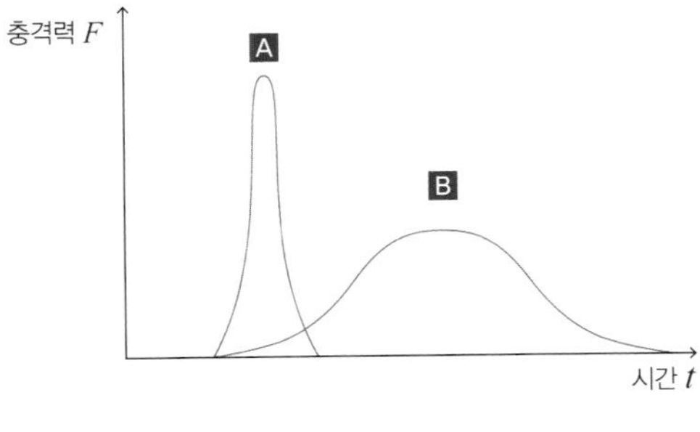

Question
03

주먹이 빠를수록 펀치의 충격력이 증가할까?

자세가 완전히 같다면 주먹이 빠를수록 팔 전체도 빠르게 움직이므로 충격력이 커진다. 안면(머리)처럼 가벼운 목표에는 동체의 기세가 완전히 전달되기 전에 안면이 움직이기 때문에 팔, 특히 주먹과 전완(前腕)이 고속이 될수록 충격력이 증가한다. 그러나 잘 움직이지 않을 뿐만 아니라 움푹 들어가서 '충격력을 흡수하는' 보디에 대해서는 주먹만 고속이 된다고 해서 반드시 효과적이라고는 말할 수 없다. **무거운 동체의 운동량을 이용할 필요가 있는 것**이다. 소림사 권법※ 5단(몸무게 71 kg)인 사람이 오른 주먹 반대 지르기(스트레이트)를 각각 다른 자세로 2회 실시한 자료를 예로 생각해 보자. 목표는 벽에 고정시킨 충격력 측정기다. 목표에 충돌하는 물체는 지르는 팔의 세 부분(주먹, 전완, 상완)과 동체의 일부다. 동체 가운데 지르는 팔의 어깨 주변의 무게 5 kg 부분이 목표를 향해 움직인다고 가정했다. 팔의 각 부분의 질량은 해부학 자료를 바탕으로 한 추정치다.

주먹이 최고 속도에 도달한 순간(목표에 닿은 순간)의 속도는 고속 촬영으로 분석해 구했으며, 여기에 질량을 곱해 운동량을 계산했다(그래프1~3).

안면에 대해서라면 주먹과 전완이 고속으로 움직인 지르기1이 최댓값이 큰 충격력이 됐을 것이다. 그러나 고정된 목표에 대해서는 주먹의 속도가 느린 지르기2가 더 큰 충격력인 270 kgw를 만들어냈고, 보디에 파고드는 '무게'를 나타내는 충격량(= 전체의 운동량)도 지르기2가 30.5로 지르기1의 25.7을 웃돌았다. **지르기1은 팔만을 고속으로 내지른 안면용 지르기, 지르기2는 팔의 속도를 조금 억제하고 동체에 운동량의 39%를 부담시킨 '체중을 실은' 보디 타격용 지르기**라고 할 수 있다.

※ 중국 소림사의 권법이 아니라 종도신(본명은 나카노 미치오)이라는 일본인이 창시한 일본의 무술이다. -옮긴이

1: 주먹, 2: 전완, 3: 상완, 4: 동체
m_1~m_4는 각 부분의 질량
v_1~v_4는 각 부분의 무게 중심의 속도
전체 운동량 $= m_1v_1 + m_2v_2 + m_3v_3 + m_4v_4$

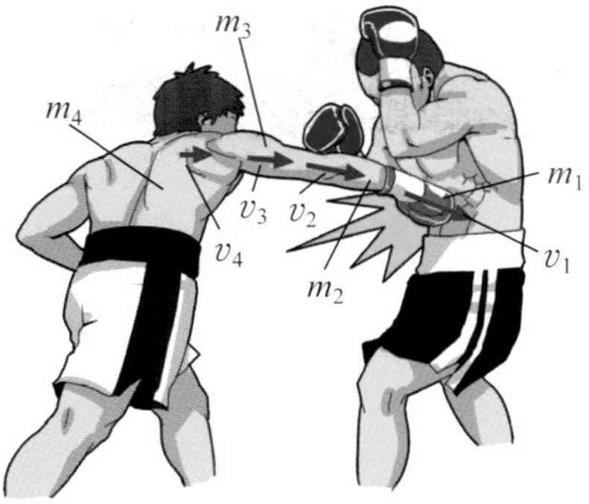

➲ 주먹의 속도 v_1이 커도 주먹은 가볍기(m_1이 작기) 때문에 운동량 m_1v_1은 그다지 커지지 않는다. 동체도 크게 움직이는 자세는 동체의 운동량 m_4v_4가 커서 '체중을 실은 묵직한 지르기'가 된다. 속도와 자세가 같다면 충격력의 최댓값과 충격량은 몸무게에 거의 비례한다.

그래프1 지르기의 주먹이 목표에 닿는 순간의 각 부분의 속도(m/s)

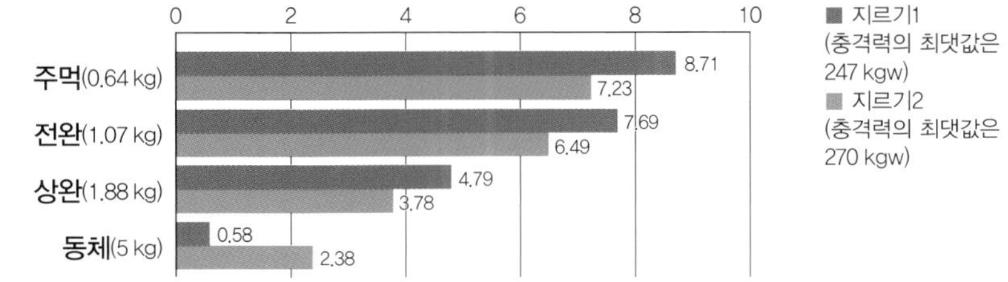

그래프2 지르기의 주먹이 목표에 닿는 순간의 각 부분의 운동량(kgm/s)

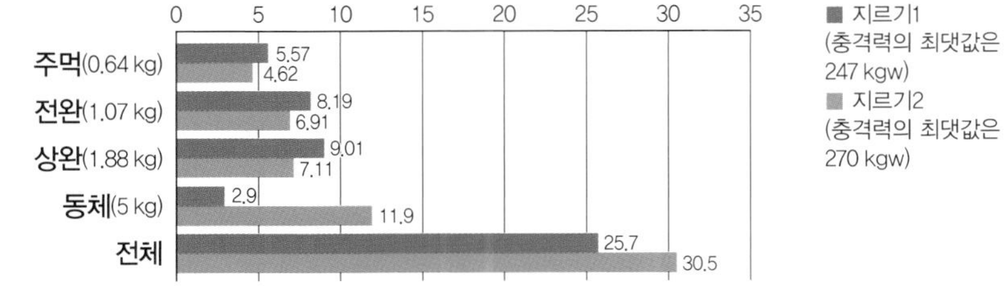

그래프3 지르기의 주먹이 목표에 닿는 순간에 각 부분의 운동량이 차지하는 비율(%)

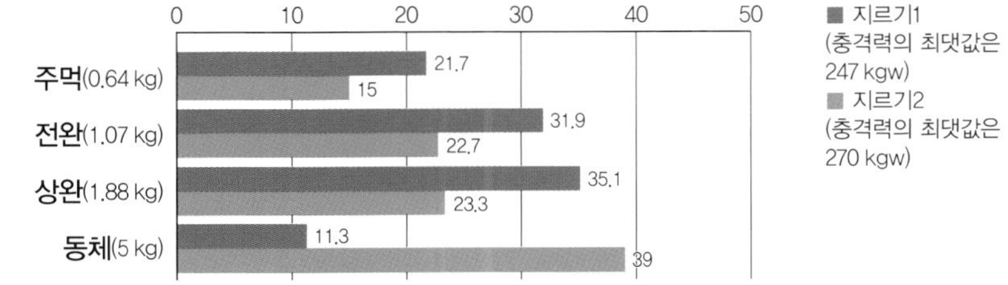

주먹의 속도가 느린 지르기2가 충격력의 최댓값, 전체의 운동량(충격량) 모두 우위였다. 안면에는 지르기1, 보디에는 지르기2가 효과적이다.

Question
04
회전 등주먹 치기나 회전 팔꿈치치기는 필살기의 위력을 지닌 기술로 보이는데, 실제로는 어떨까?

이들 기술은 오른쪽(왼쪽)으로 몸을 회전시켜 뒤돌아보면서 오른쪽(왼쪽) 팔꿈치 · 등주먹(주먹의 등 부분) · 발뒤꿈치를 상대의 안면(뒤돌려차기의 경우는 옆구리일 때도)에 명중시킨다. 몸의 회전으로 휘둘린 팔꿈치 · 주먹 · 발뒤꿈치가 고속으로 움직이는데, 팔꿈치는 주먹이나 발뒤꿈치에 비하면 회전 반지름이 작기 때문에 속도가 조금 줄어들지만 딱딱해서 운동량이 순간적으로 전달되기 쉬우며, 뒤돌려차기의 경우는 무거운 발이 움직인다. Q01의 용어를 사용하면 충격력의 성질은 다음과 같다.

- **팔꿈치치기: 매우 날카롭고 무게도 어느 정도 있다**
- **등주먹: 매우 날카롭지만 무게는 기대할 수 없다**
- **뒤돌려차기: 매우 날카로우며 무게도 상당하다**

세 기술 모두 정확히 들어가면 일격에 상대를 쓰러뜨릴 만큼의 위력이 있다. 다만 거리를 정확히 재지 못해 팔꿈치 · 등주먹 · 발뒤꿈치가 아니라 상완 · 손목이나 전완 · 장딴지로 때리면 충격력이 떨어진다. 몸이 회전하는 동안 목을 약간 더 빨리 돌려서 목표를 정확히 파악하는 것이 포인트다.

세 기술 모두 회전한 몸의 뒤쪽에서 갑자기 팔이나 발이 날아오는 느낌을 주기 때문에 상대의 의표를 찌를 수 있다. 그러나 이것을 주 무기로 사용하는 전법은 추천할 수 없다. 회전 중의 움직임을 금방 읽혀서 방어당하거나 뒤를 향한 순간 반격당할 것이기 때문이다. 가끔 사용할 때도 동체를 회전하는 예비 동작을 지우는 움직임이 필요하다. 예를 들어 왼손으로 상대의 지르기를 안쪽으로 쳐내는 동작의 경우 몸이 시계 방향으로 회전하므로 그대로 회전을 계속하면 이들 기술로 연결된다. Q31의 라이트 스트레이트에서 오른발 돌려차기로의 콤비네이션에서도 유사한 움직임을 볼 수 있다.

회전 등주먹 치기

주먹은 휘둘리면서 고속이 되어 날카로운 충격력을 낳지만, 주먹 이외의 부분은 목표를 향하지 않는 손목이 쿠션이 되기 때문에 운동량이 잘 전달되지 않는다.

회전 팔꿈치치기

전완과 손(주먹)이 하나의 창과 같이 목표를 향하도록 팔꿈치를 굽히면 운동량은 모두 충격력이 된다. 상완은 목표로부터 조금 떨어진 방향으로 움직이지만 팔꿈치가 딱딱하기 때문에 몽둥이로 때린 것 같은 힘이 된다.

Question
05 돌려차기가 스트레이트 · 앞차기 · 훅보다 피하기 어려운 이유는?

이것은 사람의 직립 자세와 관계가 있다. 이 책을 양손으로 들고 무게중심(중심)을 움직이지 않으면서 다양한 방향의(무게 중심을 통과하는) 회전축을 중심으로 돌려 보기 바란다.

회전축이 책의 길이 방향일 때 가장 돌리기 쉬울 것이다.※ 피겨 스케이팅에서도 상체나 발을 넓게 벌렸을 때는 회전 속도가 느리지만 똑바로 서서 손발을 붙여 몸을 막대처럼 만들면 빠르게 회전할 수 있다.

스트레이트와 앞차기는 주먹이나 발이 직선으로 움직인다. 그래서 가령 안면이 목표라면 얼굴만큼 옆으로 움직여도 맞지 않는다. 보디를 노렸을 경우는 동체의 무게도 있는 만큼 동체의 가로 폭만큼 움직이기가 얼굴보다 쉽지 않지만, 동체를 비틀어서 타격을 비스듬하게 받으면 위력이 크게 떨어지기 때문에 피한 것이나 다름없어진다. 요컨대 무겁고 움직이기 어려운 커다란 표적인 보디도 인체가 가장 회전하기 쉬운 연직 축으로 비틂으로써 피할 수 있는 것이다.

또 훅은 주먹으로만 칠 수 있지만 돌려차기, 특히 무에타이식으로 발 전체를 휘두르는 자세의 경우는 발등, 발목에서 무릎 부근까지의 정강이 중 어딘가가 명중하면 데미지를 준다는 것도 피하기 어려운 이유 중 하나다.

아울러 돌려차기의 궤도는 기본적으로 수평이기 때문에 직립한 몸을 연직 축으로 비틀어도 피할 수가 없다. 하이 킥은 상체를 굽혀서 피할 수 있지만 미들 킥이나 로 킥은 크게 뒤로 물러나야 피할 수 있다. 만약 사람이 말처럼 수평 방향으로 긴 체형이었다면 돌려차기뿐만 아니라 앞차기도 피하기 어려웠을 것이다.

※ 엄밀히는 대각선이 축일 때 가장 돌리기 쉽지만, 두 발로 선 경우에는 해당되지 않는다.

보디를 향하는 스트레이트나 앞차기는 몸을 회전시켜서 맞는 각도를 비스듬하게 만들면 위력을 크게 줄일 수 있다.

돌려차기는 몸의 회전만으로는 피할 수 없다.

Question

06

펀치든 킥이든 '벽을 만드는' 것이 중요하다고 하는데, 무슨 의미?

야구 배트나 골프 클럽을 휘두를 때도 왼쪽에 "벽을 만들라."고 한다. 그리고 실제로 그런 의식을 가지면 스윙 속도를 더 높일 수 있다. 이 말의 의미를 역학적으로 살펴보자. 검도에서 죽도를 후려내릴 때 자루를 쥔 양손을 순간적으로 강하게 죄서 급정지시키는 것은 죽도에 대해 '양손의 벽'을 만듦으로써 죽도의 끝을 급가속시키기 위함이다. 그 이유는 다음과 같다.

'물체의 무게 중심으로부터 떨어진 장소에 힘을 가하면 물체가 회전을 시작한다.'는 원리가 있다. 마찰이 없는 면을 그림처럼 아래에서 위로 미끄러져 올라가는 막대를 생각해 보자. 이야기를 간단히 하기 위해 막대는 회전하지 않는다. 즉 무게 중심 G와 양 끝 A, B가 모두 같은 속도로 나아간다($V_1 = v_1$)고 가정한다. 그런데 이 막대의 끝 B가 점 P에 박은 말뚝에 부딪혀 완전히 정지했다고 하자. 막대는 점 P를 중심으로 반시계 방향으로 회전하기 시작한다. 무게 중심 G는 당연히 급감속한다($V_2 < V_1$). 그러나 회전의 영향을 추가하면 끝 A는 반대로 급가속한다($v_2 > v_1$).

이제 이 막대가 사람을 위에서 내려다본 그림이라고 생각하기 바란다. 점 B는 앞으로 내디뎌 착지(급정지)한 왼발, 점 A는 급가속한 오른쪽 어깨 또는 오른쪽 허리다. 라이트 스트레이트나 훅이라면 오른쪽 어깨에서 팔을 내지르며, 앞차기나 돌려차기라면 오른쪽 어깨(오른쪽 고관절)에서 발을 휘두르기 시작한다.

여기에서 중요한 점은 착지한 왼발 B가 반드시 무게 중심 G보다 왼쪽에 있다는 사실이다. 또 착지한 왼발이 버티는 힘이 약하면 급정지의 효과는 사라진다. 물론 몸의 축이 흔들리거나 휘청거려도 효과가 격감한다. '벽을 만듦으로써' 오른쪽 어깨나 오른쪽 허리를 급가속시켜 타이밍 좋게 지르기나 차기를 하는 것이 중요하다.

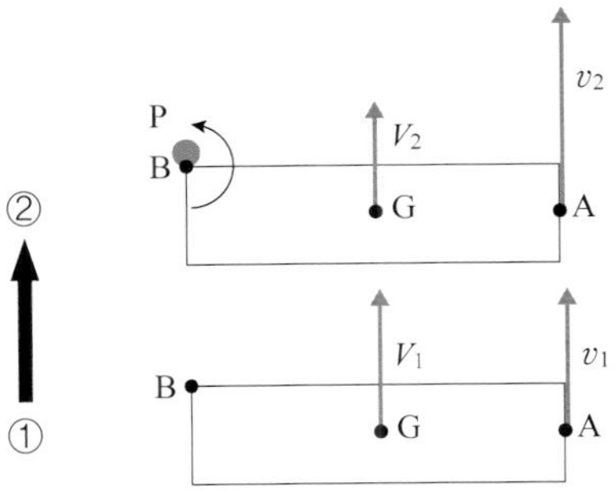

끝 B가 점 P(이른바 벽)에서 급정지하면 무게 중심 G의 속도는 떨어지지만 회전의 효과로 끝 A는 급가속한다.

무에타이의 오른발 미들 킥. 바닥의 노란색 부분이 이른바 '벽'에 해당하는 위치다.

Question

07

허세를 부리지 않는 상급자도 "잡아끈다는 생각으로 주먹이나 발을 내밀어라."라고 말하는 이유는?

안면에 대해서는 '묵직함'보다 '날카로움'이 있는 충격력이 효과적이며, 이를 위해서는 주먹을 고속으로 내지르는 것이 중요하다. 그리고 실제로 '잡아끌면' 주먹이 고속이 된다는 사실이 역학적으로 밝혀졌다.

예컨대 팔꿈치의 스냅을 이용한 등주먹 치기를 생각해 보자. 왼쪽 가슴 상부에 준비하고 있던 주먹을 내지르는 오른 등주먹 치기의 팔의 움직임을 위에서 내려다보자. 상완과 전완 모두 시계 방향으로 회전하는데, 미리 굽혀 놓았던 팔꿈치가 펴지므로 무게 중심의 속도와 회전 속도 모두 상완보다 전완이 훨씬 빠르다.

Q06에서 죽도를 쥔 양손을 급정지시키면 끝이 급가속한다는 이야기를 했다. 등주먹 치기에서 전완이 죽도에, 팔꿈치가 죽도를 쥐는 양손의 위치에 해당한다. '주먹을 잡아끈다.'는 생각으로 상완을(팔꿈치도) 급정지시키면 전완의 끝, 즉 **주먹이 급가속**한다. 그대로 잡아끌기를 계속하면 주먹이 순식간에 원래 위치로 돌아가므로 상대에게 붙잡힐 우려가 줄어든다.

긴키 대학의 다니모토 미치야(谷本道哉) 선생과 국립 스포츠 과학 센터의 아라카와 히로시(荒川裕志) 선생에 따르면 돌려차기에도 같은 원리가 사용된다. 일반적인 돌려차기는 마지막까지 충분히 허리에 힘을 줘서 돌리는데, **목표에 닿기 직전에 허리를 역회전시키는 방식의 차기**가 있다. 여기에서는 차는 발 전체가 죽도, 고관절이 죽도를 쥔 양손에 해당한다. 차는 발의 근원, 즉 고관절을 급정지시키기만 해도 차는 발끝과 가까운 부분이 가속하지만 허리(고관절)를 잡아끌면 그 효과가 더욱 증대된다. 이렇게 해서 채찍처럼 발끝이 급가속하는 것이다.

다만 허리가 역회전시킴에 따라 차는 발 전체의 무게 중심 속도가 떨어지기 때문에 충격량, 즉 보다 깊숙이 박히는 '묵직함'은 감소한다.

팔꿈치를 뻗으면서 팔 전체를 휘두르기 시작한다.

팔꿈치를 중심으로 주먹이 고속으로 회전한다. 잡아끈다는 생각으로 팔꿈치를 급정지시킨다.

Question

08 몸집이 큰 상대에게 몸통 부딪치기를 당해 날아가 버렸는데, 대책은 없을까?

몸통 부딪치기에 대한 최선의 대책은 피하는 것이지만, 그럴 수 없다면 몸통 부딪치기를 당해도 날아가지 않기 위한 첫 번째 방법은 이쪽도 기세 좋게 돌진해서 부딪치는 것이다.

자신의 체중 × 자신의 속도 = 상대의 체중 × 상대의 속도

의 관계라면 두 사람의 기세(운동량)는 같기 때문에 부딪힌 순간 역학의 법칙에 따라 두 사람 모두 완전히 정지한다. 체중 90 kg의 상대가 **초속 2 m**로 달려들 경우 자신(몸무게는 60 kg이라고 가정한다)은 **초속 3 m**로 전진하면 된다는 계산이 나온다.

다만 충돌 순간 두 사람에게(위의 식이 성립하느냐 아니냐에 상관없이) 같은 크기의 힘이 작용한다. 몸통 부딪치기를 당하는 쪽은 물론이고 몸통 부딪치기를 하는 쪽도 가령 어깨를 내밀고 힘을 집중시키는 등 만반의 태세를 갖춰야 한다.

첫 번째 방법에만 해당되는 이야기는 아니지만, 양손을 뻗어서 상대의 어깨에 댄 다음 팔을 굽히면서 시간을 들여 받아내면 충격력이 큰 폭으로 감소한다. 그러나 위의 식보다 자신의 전진 속도가 작다면 뒤로 날아가는 것에는 변함이 없다.

자신이 거의 정지한 채로 몸통 부딪치기를 받아낼 수 있는 두 번째 방법도 있다. '발중(拔重)'이 포인트다. 여기에서 말하는 발중은 무릎에서 힘을 빼고 몸을 가라앉히는 것이다. 부딪히는 타이밍을 예측해 아주 약간 빠르게 양발을 완전히 발중한다. 예를 들어 0.2초 동안 발중을 하면 몸의 무게 중심은 물체와 같이 낙하한다. 그 거리는 약 20 cm다. 다음 순간 양발로 힘껏 버텨 낙하를 멈춘다. 버티는 시간을 0.05초(낙하 시간의 4분의 1)라고 가정하

체중 × 속도가 같으면 완벽하게 저지할 수 있다.

받아내는 힘의 크기와 시간의 관계

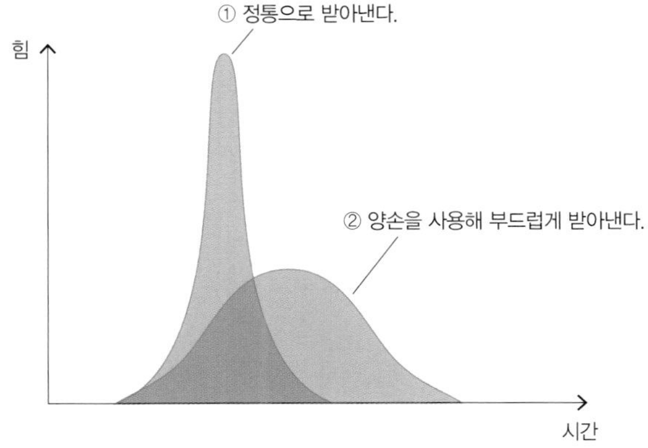

시간을 들여서 받아내면 충격력은 작아지지만 충격량은 변함이 없기 때문에 마찬가지로 날아간다.

자. 낙하를 멈추기 위한 힘은 체중의 4배, 여기에 체중을 더해 체중이 5배(겉보기 체중)가 된 것과 같은 힘이 지면에 작용한다. 지면과 발의 마찰력도 평범하게 섰을 때의 5배가 된다.

이렇게 해서 순간적으로 상대의 몸통 부딪치기를 멈출 수 있지만, 그만큼 강한 충격력이 온다. 자신과 같은 수준이거나 작은 상대에게는 이쪽의 체중에서는 상상도 할 수 없을 만큼의 힘으로 저항할 수 있으므로 효과적인 방법일 것이다. 다만 상대의 체중이나 속도가 너무 클 때는 반대로 충격력에 데미지를 입거나 완전히 받아내지 못하고 날아갈 수도 있다.

세 번째 방법을 사용하면 강력한 몸통 부딪치기도 저지할 수 있다. 앞에서 소개한 양손을 뻗어 상대의 어깨를 누르는 움직임도 보조적으로 사용한다. 발중을 한다는 점은 두 번째 방법과 같지만, 타이밍을 좀 더 늦춰서 상대와 충돌하는 동시에 발중한다. 지면과의 마찰이 없기 때문에 몸이 부드럽게 수십 cm 정도 후퇴하며, 상대는 예상했던 반응을 느끼지 못한다. 사람은 피드포워드라고 해서 미래를 예측하면서 움직인다. 몸통 부딪치기를 할 때는 부딪치는 타이밍이나 공간적 위치에 맞춰서 충격력을 상대에게 전달하기 용이한 자세를 만드는데, 기껏 만든 자세가 낭비가 되는 것이다.

충돌보다 한 타이밍을 늦춰서 두 번째 방법과 같이 두 발로 버티면 자신의 태세가 반석이 된다. 타이밍이나 위치가 완전히 예측을 벗어나 당황한 상대를 간단히 받아낼 수 있다. 이 방법에서는 발중해서 밀리는 동안 몸이 뒤쪽으로 젖히듯이 회전하므로 이것을 계산에 넣고 처음부터 자세를 앞으로 기울여 둘 필요가 있다.

네 번째 방법은 지금까지의 방법과 병용도 할 수 있다. 상대가 머리부터 밀고 들어올 경우, 뻗은 팔을 어깨가 아니라 머리에 대고 목을 가로 방향으로 밀거나 옆으로 기울이듯이 민다. 그러면 상대는 그대로 부딪칠 경우 경추가 손상될 우려도 있기 때문에 본능적으로 돌진하는 기세를 늦추고 만다.

겉보기 체중의 증감과 발중과의 관계

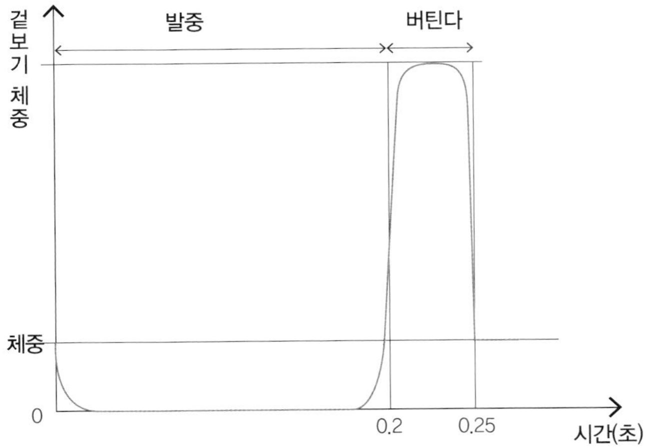

발중에 이어 힘껏 버팀으로써 겉보기 체중을 증가시켜 받아낸다.

⬆ 발중하는 동안에 부딪히면 예측과 달리 부드럽게 후퇴하기 때문에 상대는 당황한다. 그리고 다음 순간 힘껏 버텨서 당황하는 상태를 확실히 받아낸다.

Question

09 몸이 작아서 체격이 더 큰 상대와 힘 싸움을 하면 항상 밀리는데, 대책은 없을까?

몸이 작은 사람은 몸이 큰 사람과 정면으로 힘 싸움을 하면 설령 근력이 있다 해도 발이 미끄러지면서 뒤로 밀려난다. 바닥과 발의 마찰력은 거의 체중에 비례하기 때문이다. 이에 대한 대책은 스모에서 배울 수 있다.

예를 들어 몸무게가 60 kg인 A와 100 kg인 B가 힘 싸움을 한다고 가정하자. **만약 A가 체중 차이의 절반인 20 kg의 힘으로 B를 밀어 올린다면 겉보기 체중은 A와 B 모두 80 kg이 되므로 B에게 밀리지 않는다.** 나아가 더 큰 힘으로 밀어 올린다면 A가 유리해진다.

스모에서는 힘 싸움을 한 직후에 **'손 끼우기 싸움'**이라고 해서 서로 자신의 팔을 상대의 겨드랑이에 끼우려 한다. 그리고 제대로 끼우는 데 성공하면 즉시 '상박부(상완)를 뒤집'는다. 이것은 상완을 안쪽으로 돌리는 것이다. 감각적으로는 겨드랑이에 끼운 팔의 새끼손가락이 위로 오게 해서 손등을 상대의 등에 밀착시키는 느낌이다. **'끼운 손의 상박부를 뒤집음'으로써 상대의 팔(겨드랑이)을 들어 올리는 형태가 되어 자연스럽게 상대를 밀어 올리게** 된다. 또 상대의 손은 허공을 허우적대며, 이쪽의 옷(스모라면 샅바)을 잡기 어려워져 팔을 쓰지 못한다. 이렇게 해서 깊게 끼워 넣은 팔의 밑동부터 어깨로 상대를 띄우면서 전진하면 체중 차이가 상당하더라도 상대를 밀어낼 수 있다. 특히 양팔을 상대의 양쪽 겨드랑이에 끼우는 형태가 되면 크게 유리해진다(상대의 키가 특별히 클 경우는 제외).

다음은 상대가 겨드랑이에 팔을 끼워 넣으려고 할 때의 대책이다. '내리누르기'라고 해서 상대가 겨드랑이에 끼우려 하는 팔의 손목부터 전완을 자신의 전완으로 동체에 끼우고 상대의 팔을 쥐어짠다는 느낌으로 허리의 힘을 이용해 밀어 올리듯이 전진한다. 그러면 상대는 겨드랑이에 팔을 끼우지 못하고 반대로 몸이 뜨기 때문에 상대를 밀어낼 수 있다.

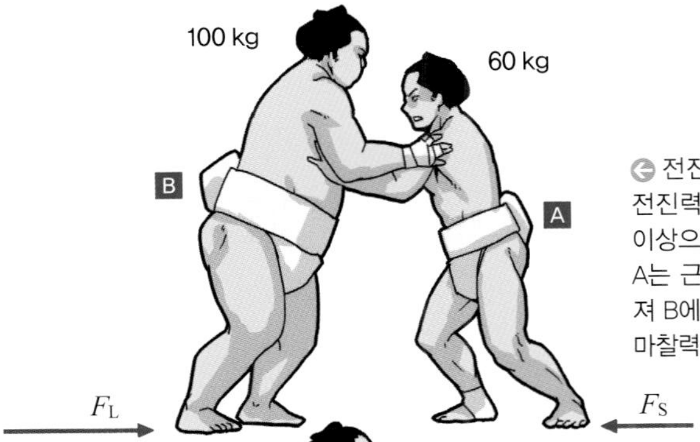

전진력은 체중에 비례한다. 전진력은 발과 바닥의 마찰력 이상으로는 작용하지 않으므로 A는 근력이 있어도 발이 미끄러져 B에게 밀린다.
마찰력 $F_L : F_S = 100 : 60$

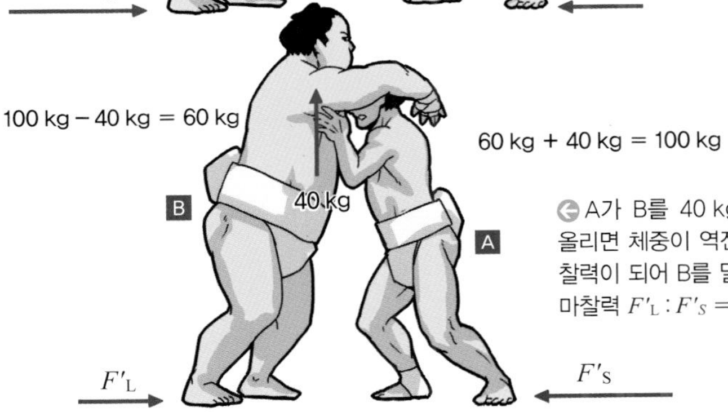

A가 B를 40 kg의 힘으로 밀어 올리면 체중이 역전된 것과 같은 마찰력이 되어 B를 밀어낼 수 있다.
마찰력 $F'_L : F'_S = 60 : 100$

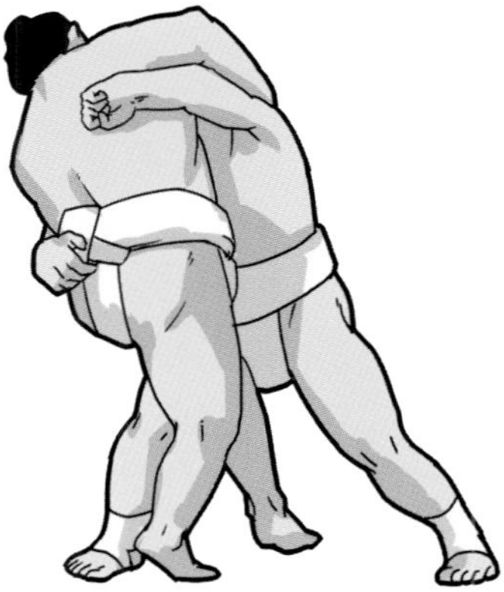

끼운 손의 상박부를 뒤집어서 상대를 띄운 다음 밀어낸다.

상대(오른쪽)가 왼팔을 끼우려 하는 것에 맞서 내리누르기로 대항한다(왼쪽).

Question 10

중국 권법에서 사용한다는 몸통 부딪치기는 쉽게 피할 수 있지 않을까?

몸통 부딪치기라고 하면 럭비나 미식축구에서 기세 좋게 달려들어 부딪치는 모습이 떠오를지 모른다. 그러나 그런 '텔레폰 몸통 부딪치기※'는 상대가 간단히 피하거나 오히려 카운터 공격을 할 위험성이 있다.

주먹이나 팔꿈치로 지르는 중국 권법의 기술은 대부분 '주먹이나 팔꿈치로 부딪치는 몸통 부딪히기'로 해석할 수 있다. 예를 들어 발을 내디디며 들어오는 상대에 대한 카운터 공격으로 자신도 발을 내디디며 내지른 주먹이 맞으면 '주먹을 사용한 몸통 부딪치기'다. 상대가 주먹보다 빠르게 파고들어 오면 팔꿈치를 내밀어 '팔꿈치를 사용한 몸통 부딪치기'로 전환한다. 상대가 이것도 막고 접근한다면 '머리를 사용한 몸통 부딪치기', 즉 박치기로 반격할 수 있다. 상대가 더 접근해서 박치기를 시도하면 어깨로 머리를 밀어 올려 반격할 수 있고, 경우에 따라서는 어깨 · 등(철산고) · 허리를 상대의 보디에 맞히기도 한다.

중국 권법에서는 몸통 부딪치기를 '고(靠)'라고 한다. 상대의 지르기에 대한 카운터인 팔꿈치치기와 어깨를 부딪치는 고의 삽화를 보기 바란다. 거의 같은 자세로 자신이 크게 발을 내디딘다. 양자의 접근 속도가 크고 힘을 내는 특수한 방법인 발경(發勁)을 사용하기 때문에 충격량은 물론이고 충격력의 최댓값도 커진다.

일례로 내가 이케다 히데유키(池田秀幸) 태극권 사범에게 전력으로 정권 지르기를 하자 이케다 사범은 갑자기 내 눈앞에서 모습을 감추더니 오히려(충분히 힘을 조절해서) 고로 나를 쓰러뜨렸다. 또한 어깨를 옆구리에 대고 완전히 정지한 상태에서 약하게 발경을 해 어깨를 살짝 내밀자 옆구리가 움푹 들어갔다. 이야기를 들어 보니 수련 중에 늑골이 부러지는 사람도 많다고 한다. 중국 권법의 몸통 부딪치기는 실전적인 위력이 있는 기술인 것이다.

상대의 지르기를 흘리면서 발을 내디뎌 팔꿈치로 몸통 부딪치기

상대와의 거리가 가까우면 어깨를 사용하는 몸통 부딪치기인 '고'를 사용한다.

※ 41쪽 텔레폰 펀치를 참조.

Question
11

박치기의 위력은 어느 정도일까?

스모에서는 머리로 부딪치는 것을 '이마 박기'라고 하는데, 일반적으로 박치기는 전두골(이마 뼈)의 두꺼운 부분인 이마에서 머리털이 자라는 언저리로 상대를 가격한다. 머리는 단단하기 때문에 순간적으로 커다란 충격력이 발생하며, 여기에 돌진한 온몸의 기세가 더해져 '날카롭고 묵직한' 충격력이 된다.

밀어붙이기를 주 무기로 사용하는 두 스모 선수가 격돌하면 굉장한 소리가 난다. 이마가 깨져서 피를 흘리기도 하고, 때로는 한쪽이 뇌진탕으로 쓰러지기도 한다. 실제로 박치기에는 블록이나 벽돌을 손쉽게 부술 만큼의 위력이 있다.

스모 선수는 평소에 굵은 나무 기둥[이것을 뎃포바시라(鉄砲柱)라고 부른다]에 머리를 부딪쳐서 감각을 키우는 동시에 피하 내출혈을 반복시켜 석두로 단련한다. 또 스모 선수끼리도 서로 머리를 부딪친다. 몸집이 큰 스모 선수라도 석두인 선배에게 1~2회 박치기를 당하면 눈물을 흘리며 아파한다.

실전적인 격투기는 박치기가 있을 것을 전제로 기술을 궁리하지만 대부분의 스포츠 격투기에서는 박치기가 금지 기술로 지정되어 있다. 요컨대 그만큼 위력이 있으며 피하 출혈뿐만 아니라 두개골 함몰, 경추 손상이나 뇌 손상 등이 우려되는 위험한 기술인 것이다.

비단 박치기만의 이야기는 아니지만, 작용 반작용의 법칙에 따라 목표에 가한 것과 같은 충격량이 자신의 머리에도 가해진다. 블록을 깼다면 블록이 깨질 만큼의 데미지를 두부에 받은 것과 마찬가지다. 박치기를 당한 쪽은 물론이고 박치기를 한 쪽도 데미지를 각오해야 하는 것이다. 박치기는 실전적이지만 상대뿐만 아니라 자신에게도 위험이 따르는 기술이므로 자신만의 방식을 고집하지 말고 숙련자의 지도를 받도록 하자.

박치기를 할 때는 전두골의 두꺼운 부분으로 부딪친다

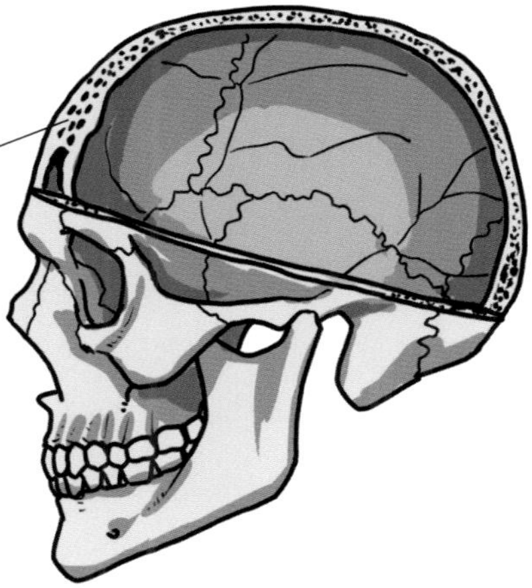

굵은 나무 기둥에 머리를 부딪치는 수련을 하는 스모 선수

서로 머리를 부딪치는 수련

Question 12

"스모가 강한 사람은 가라테도 강하다."라는 최영의 씨 말의 의미는?

스모 경기를 보면 언뜻 비만에 걸린 사람들이 힘에만 의지해 상대를 밀어붙이는 것처럼 생각되지만, 사실은 다양한 격투기에 필요한 기초 체력과 기술이 맞부딪치는 경기다. 일반적인 격투기에서는 20 kg이나 체중 차이가 나면 거의 승부가 결정된 것이나 다름없지만, 스모는 체중 100 kg인 스모 선수가 150 kg인 상대를 쓰러뜨릴 수도 있다. 그만큼 오묘한 기술이 있으며, 이를 무시하는 것은 너무나도 안타까운 일이다.

스모 선수의 신체적인 특징은 독특한 식생활의 영향도 있어서,

① 제지방 체중(체지방을 제외한 근육, 뼈, 내장 등의 총량)**이 매우 크며, 골격이 튼튼하고 근육량이 많다.**

② 힘과 파워가 근육량에 비례하며, 보디는 물론 목도 굵어 맷집이 강하다.

는 점이다. 기술의 측면에서는 다음과 같은 특징이 있다.

③ 다채로운 던지기 기술 이외에 이마 박기나 손바닥 치기 같은 타격기, 관절기에 가까운 팔 비틀어 던지기나 팔 잡아 밀어내기도 있다.

④ 상대와 접촉한 부분에 가하는 힘을 감지하고 움직임을 읽는 능력이 뛰어나다.

⑤ '쓰러지면 패배'가 규칙이기 때문에 균형 능력이 우수하다.

타격 계열의 상대로서는 갑자기 돌진해 들어와 '간격을 없애고' 접근전을 강요하기 때문에 까다롭다. 카운터펀치나 킥을 한두 방 적중시키더라도 평소에 몸을 부딪치는 연습을 꾸준히 하고 있는 몸에는 별다른 데미지가 없을 것이며, 이마 박기라도 당하면 권투의 버팅(butting)과는 비교가 안 되는 데미지를 입을 것이다. 트레이닝의 일환으로 스모를 도입하는 것도 몸과 기술의 측면에서 효과가 있다고 생각된다.

직업 스모 선수와 일반 남성의 신체 조성 비교

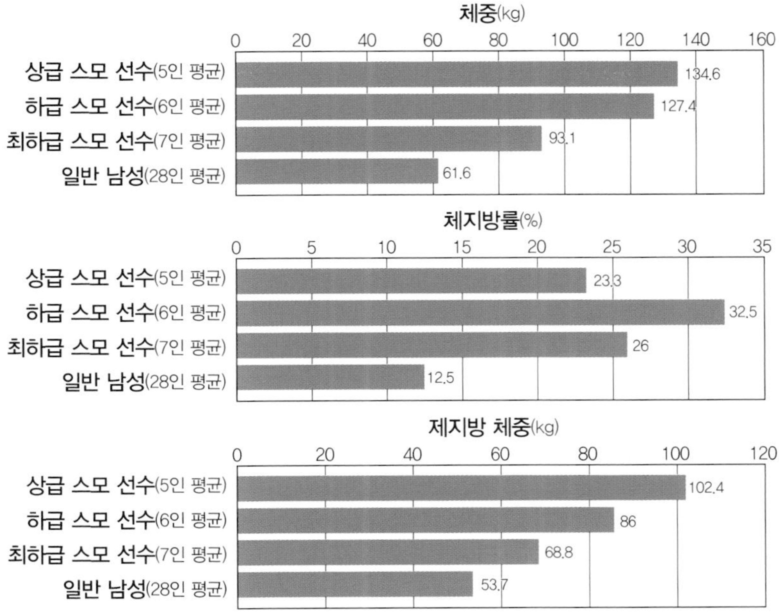

⬆ 체중이 가장 많이 나가지만 하급, 최하급 스모 선수보다 체지방률이 낮은 것을 봐도 상급 스모 선수가 왜 강한지 알 수 있다. 체중 160 kg, 체지방률 25%인 상급 스모 선수의 제지방 체중은 120 kg이나 된다(그래프는 곤도 씨의 자료를 바탕으로 작성).

⬅ 가이오 히로유키의 팔 휘어잡아 던지기. 스모는 언뜻 힘에 의존하는 몸싸움으로 생각되기 쉽지만, 팔 휘어잡아 던지기처럼 관절기에 가까운 기술도 있는 등 고도의 기술 체계를 갖추고 있다.

사진: 지지 통신(時事通信)

제2장 지르기 · 펀치의 과학

Question 13

단독 스트레이트보다 '원투※ 쪽이 더 강하다.'고 하는데, 사실일까?

단독 라이트 스트레이트를 날릴 때는 왼발을 내디딤으로써 상체가 시계 방향으로 돌아가기 때문에 어지간히 주의하지 않으면 자연스럽게 오른쪽 어깨를 뺀 형태가 된다. 상대는 이 형태를 보고 '라이트 스트레이트가 오겠구나.'라고 예상한다. 라이트 스트레이트는 상대와의 거리가 멀어서 맞히기까지 시간이 걸리기 때문에 방어가 가능하다.

권투 선수가 단독 스트레이트를 날릴 때는 오른쪽 어깨를 뺀 형태가 되는 예비 동작을 없애려고 하는데, 이것은 자연스러운 움직임이 아니며 오른쪽 어깨를 빼지 않는 만큼 위력이 떨어진다.

타이틀에 도전하는 톱클래스의 권투 선수 중에는 상대가 깨닫기도 전에 '느닷없이 날아오는 라이트 스트레이트'를 날릴 수 있는 사람도 있지만 누구나 가능한 것은 아니다.

스트레이트를 날릴 때 자주 볼 수 있는 '원투'의 경우는 먼저 레프트 잽을 가볍게 날린다. 이것은 상대에게 맞힐 것을 기대한 잽이 아니다. 이때 왼쪽 어깨가 앞으로 나오므로 단순히 발을 내디뎠을 때와 마찬가지로 오른쪽 어깨를 뺀 형태가 된다.

그러나 상대는 잽에 주의를 빼앗기기 때문에 다음 스트레이트의 타이밍을 읽기가 어려워진다. 이것이 "원투 스트레이트가 더 강하다."라고 말하는 이유다.

나는 실험에서 일류 선수 명 몇에게 부탁해 고정된 충격력 측정기에 단독 스트레이트와 원투 스트레이트를 날리게 했는데, 충격력에는 차이가 없었다. 측정기는 방어도 반격도 하지 않으므로 충분히 오른쪽 어깨를 뺀 다음 단독 스트레이트를 날렸기 때문이다. 상대가 있는 실전에서는 '원투가 더 강하다.'고 생각해도 무방할 것이다.

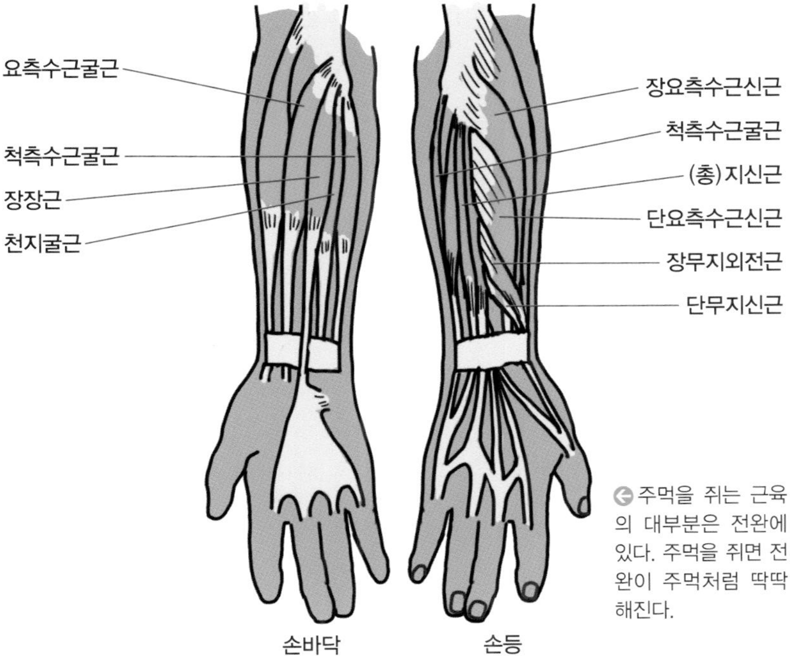

주먹을 쥐는 근육의 대부분은 전완에 있다. 주먹을 쥐면 전완이 주먹처럼 딱딱해진다.

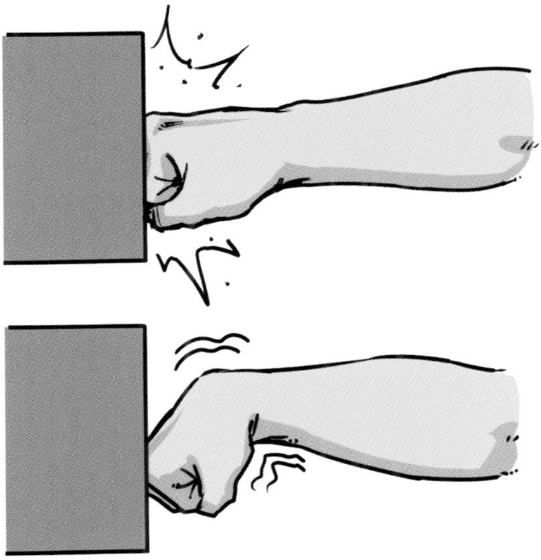

주먹을 느슨하게 쥐면 '손목이 흔들린다', '전완부가 말랑말랑한 상태여서 충격력이 약해진다', '손가락이나 손목을 다칠 수 있다.' 같은 폐해가 있다.

Question 16

단타와 같은 수준의 강력한 펀치를 재빨리 연타할 수 있을까?

연타라고 해도 간격이 1초 이상 벌어지면 단타를 계속 날리는 것과 마찬가지다. 내가 소림사 권법의 고단자를 대상으로 측정한 결과에 따르면 왼 주먹 바로지르기(레프트 스트레이트)와 그에 이은 오른 주먹 반대지르기(라이트 스트레이트)의 간격은 0.1초대에서 아무리 길어도 0.3초 이하였다.

측정 결과를 정리하면 연타의 펀치는 단독 펀치보다 충격력이 떨어진다. 그것도 간격이 짧은, 즉 재빠른 연타일수록 충격력이 크게 떨어지고 간격이 길수록 단타의 충격력에 가까워진다. 또 제1타의 충격력이 단타의 절반 전후까지 떨어질 때도 있다. 권투의 잽이 가벼운 것과 마찬가지다.

그렇다고 제1타가 잽 이상의 위력을 갖게 하려고 하면 이번에는 제2타의 충격력이 떨어진다. 조금 과장해서 말하면 **제1타와 제2타의 충격력의 합계가 단독 반대지르기와 같은 수준**이 된다.

이것을 에너지의 측면에서 생각해 보자. 펀치를 내는 데 필요한 에너지(몸을 움직이는 에너지)를 근육이 충분히 시간을 들여서 낸 것이 단타다. 그래서 제1타가 목표에 맞으면 에너지가 사라지고(일순간 움직임이 멈춘다) 새롭게 제2타의 에너지를 내게 되는데, **그 시간이 매우 짧기 때문에 충분히 에너지가 공급되지 않아 위력이 떨어지는** 것이다.

Q13에서 본 '원투'는 연타와 동작이 같지만, 제1타를 일부러 맞히지 않고 예비 동작으로 삼음으로써 그 에너지를 제2타로 돌리기 때문에 위력이 강하다.

상대를 코너에 몰아붙였을 때는 무작정 연타를 휘두르지 말고 펀치에 강약의 리듬을 주거나 연타의 간격을 조절하면서 **틈을 살피다가 강력한 펀치를 맞히는** 것도 효과적인 방법 중 하나다.

소림사 권법 고단자의 연타 간격

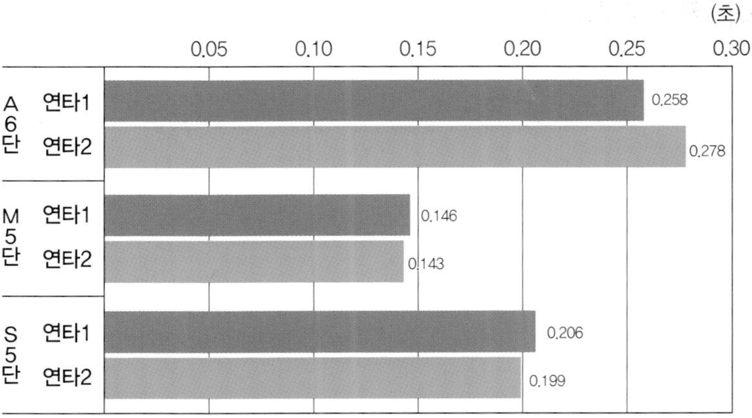

소림사 권법 고단자의 단타와 연타의 충격력 최댓값

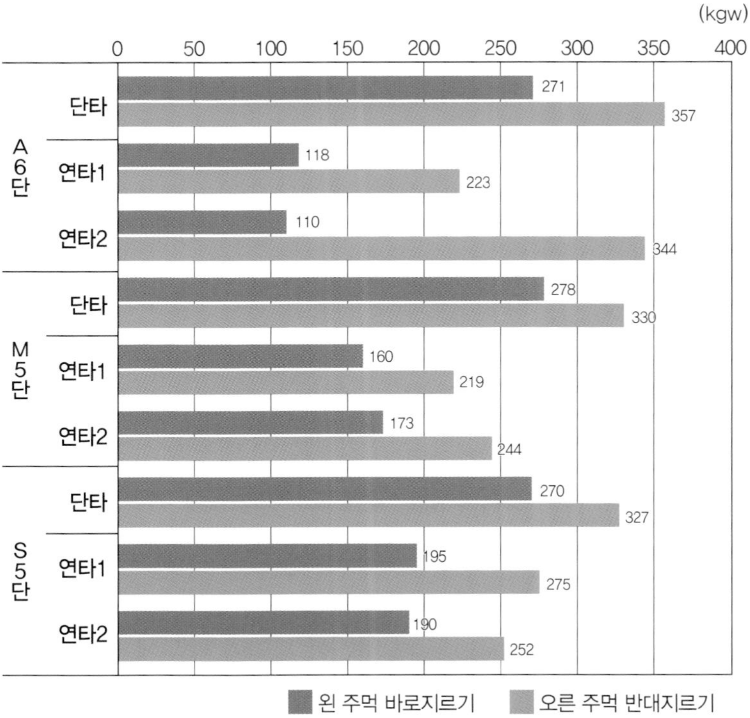

Question 17

'뒷발을 앞으로 보내는' 펀치가 강하다고 하는데, 어떤 기술일까?

대부분의 격투기에서는 왼발을 앞으로 내민 자세에서 조금 멀리 떨어져 있는 상대에게 라이트 스트레이트를 날릴 때 간격을 좁히기 위해 왼발, 오른발의 순서로 스텝을 밟는다. 이렇게 하면 이동한 뒤에도 역시 왼발이 앞에 오게 된다. 그런데 마이크 타이슨 등 일류 권투 선수는 앞쪽의 왼발을 그대로 놔두고 뒤쪽에 있는 오른발을 크게 내디디면서 강력한 라이트 스트레이트를 날렸다.

'전진하면서 날리는 펀치는 강하다.'고 생각하는 사람이 많겠지만, 내 실험에 따르면 기세 좋게 전진할 경우 오히려 충격력이 떨어졌다. 그 이유는 평범한 스텝으로 내디딘 앞발을 착지시키면 자연스럽게 브레이크가 걸려서 기세가 사라지기 때문이다. 그렇다고 해서 뒷발로 버티며 재가속할 틈은 없다. 뒷발을 끌어당기는 사이에 펀치가 상대에게 적중하는 타이밍이 아니면 시간을 너무 소요해 반격을 당하기 때문이다. 그런 이유에서 앞으로 파고듦으로써 균형이 무너진 만큼 제자리에서 날리는 펀치에 비해 위력이 떨어지는 것이다.

가라테에서는 '보통 걷기'라고 해서 걷듯이 전진하면서 지르기를 한다. 이 지르기는 앞으로 나온 오른발이 바닥을 미끄러지듯 이동하기 때문에 브레이크가 걸리지 않는다. 또 뒤에 남은 왼발도 끝까지 버텨서 전신을 가속시켜 그 기세를 상대에게 전달할 수 있기 때문에 매우 묵직한 지르기가 된다. 실제로 가라테에서는 제자리에서의 지르기보다 충격력의 최댓값과 충격량 모두 컸다.

'뒷발을 앞으로 보내는 펀치'는 가라테의 보통 걷기를 하면서 지르기와 같다. 그러나 온몸을 가속시키는 데 시간이 걸리기 때문에 권투에서는 타이밍을 재는 것이 중요하다.

⊖ 삽화는 보통 걷기로 앞발을 미끄러지듯 내밀어 브레이크를 걸지 않으면서 주먹을 지르는 가라테의 정권지르기이다.

제자리 지르기와 앞으로 내디디며 스트레이트(반대지르기)의 충격량 비교 —충격력의 최댓값 F_M

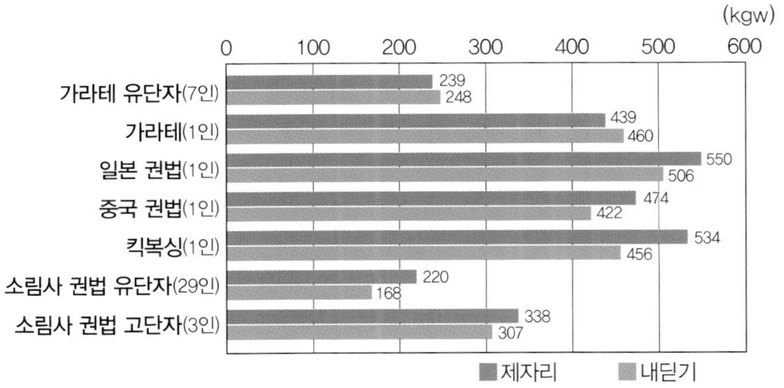

제자리 지르기와 앞으로 내디디며 스트레이트(반대지르기)의 충격량 비교 —충격량 I

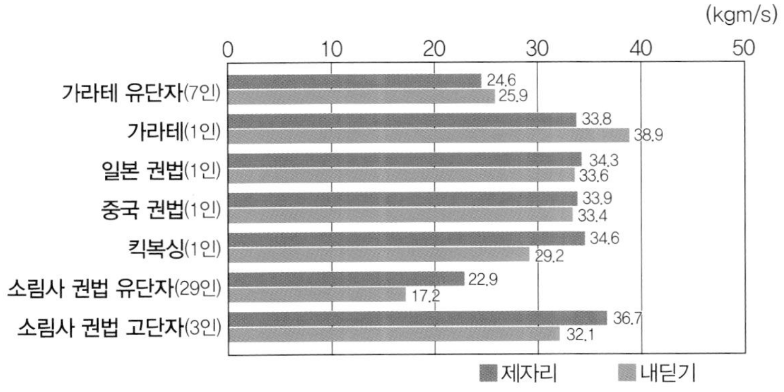

주1) 소림사 권법 고단자의 경우는 측정기가 느슨하게 고정된 탓에 충격력의 최댓값이 낮아졌다. 다른 격투기와는 충격량으로 비교하는 편이 좋다.
주2) 가라테, 일본 권법, 중국 권법, 킥복싱은 대학생 일류 선수.

Question 18

주먹을 뻗다는 생각으로 내지르면 빨라지는 이유는?

알기 쉬운 예로서 팔꿈치의 스냅으로 날리는 등주먹치기를 생각해 보자. 팔꿈치를 뻗는 근육은 팔의 뒷면에 있는 굵은 상완삼두근이다. 상완삼두근의 단축 속도 V가 빠를수록 팔꿈치 관절의 스냅(정확히 말하면 팔꿈치 관절의 각도가 변화하는 속도 = 각속도)이 빨라진다.

이렇게 말하면 대부분의 사람이 상완삼두근을 힘껏 가동시키려고 의식할 것이다. 그런데 여기에 함정이 있다. 이것은 모든 근육에 공통되는 성질이지만, 전력을 발휘하고 있을 때도 근육의 단축 속도 V가 클수록 수축력 F가 작아진다. 그리고 어떤 단축 속도 V_0(허공에 휘두를 때의 최대 속도)를 넘어서면 수축력 F는 0이 된다.

요컨대 팔꿈치 관절을 스냅으로 뻗기 시작하는 최초의 곡면에서는 상완삼두근이 큰 힘을 내지만, 팔꿈치 관절의 각속도가 커짐에 따라 낼 수 있는 힘이 점점 줄어들다가 결국은 0이 되는 것이다. 물론 힘이 줄어듦에 따라 수축감, 즉 '힘을 내고 있다.'는 느낌도 약해진다. 스냅이 고속이 될수록 근육의 수축감이 사라지는 것은 당연한 일인 것이다.

이 사실을 모른 채 수축감을 크게 하려고 힘을 줄수록 반대로 팔꿈치를 구부리는 근육인 상완이두근 등에 힘이 들어가 각속도가 떨어지며, 그 결과 수축감은 커지지만 스냅의 속도가 느려진다. "주먹을 뻗다(팔꿈치를 굽힌다)는 생각으로"라는 말은 "주먹을 내미는(팔꿈치를 펴는) 상완삼두근의 수축감에 집착하지 마라."라는 의미다. 또한 팔꿈치를 너무 고속으로 뻗으면 그 기세에 파열이 되기 때문에 무의식중에 굽히는 근육이 활동해 브레이크를 걸어 준다. 그 근육을 통해 주먹을 재빨리 뺄 수도 있는 것이다.

전력으로 근육을 수축했을 때의 수축력 F와 단축 속도 V의 관계

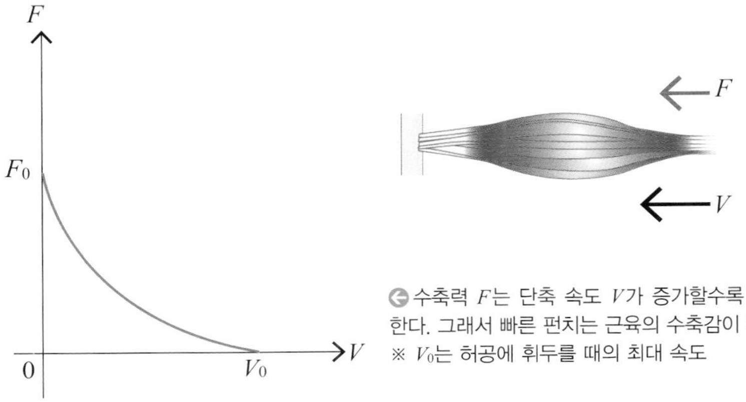

수축력 F는 단축 속도 V가 증가할수록 감소한다. 그래서 빠른 펀치는 근육의 수축감이 적다.
※ V_0는 허공에 휘두를 때의 최대 속도

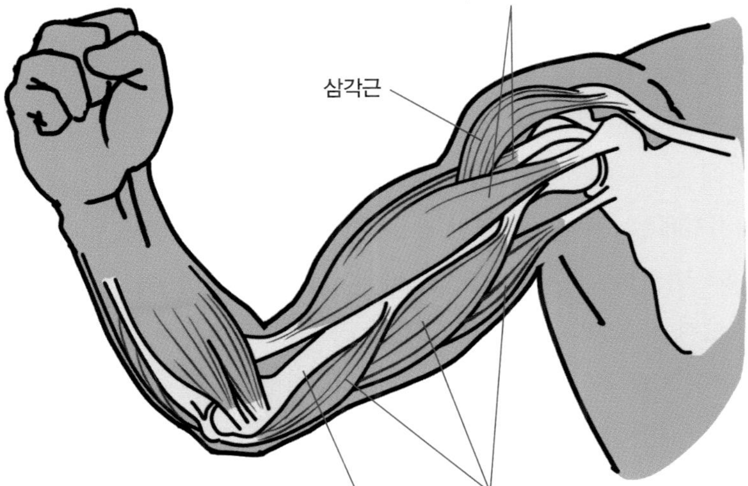

팔꿈치를 뻗는 상완삼두근과 팔꿈치를 굽히는 상완이두근

Question
19

장저치기 기술은 손바닥치기와 어떻게 다를까?

손바닥치기와 장저치기는 양쪽 모두 손과 전완을 고속으로 움직이며 주먹을 쥐지 않고 친다는 점에서 유사하지만 역학적으로 큰 차이가 있다. 첫 번째 차이는 맞히는 부분이다. 손바닥치기는 휘두른 손바닥의 중앙 부근으로 얼굴을 때린다. 손바닥은 쉽게 변형되므로 비교적 부드러운 물체로 때린 셈이 된다. 손목에 힘이 들어가지 않기 때문에 얼굴에 전달되어 충격력이 되는 것은 손의 기세(운동량)뿐이다. 맞히는 순간 손목에 힘을 준다고 해도 힘에 밀려 손목이 뒤로 젖히므로 손보다 무거운 전완의 기세는 거의 전달되지 않는다.

손바닥치기와 유사한 자세로 휘두르는 장저치기는 뼈인 수근부로 때린다. 수근부는 8개의 수근골이 돌담처럼 2단으로 조합되어 있기 때문에 단단하고 변형되지 않는다. 그래서 손의 기세만이 목표인 얼굴에 전달되더라도 손바닥치기보다 충격력이 커진다. 또한 수근부는 손목에 가깝기 때문에 전완의 기세도 손목에서 수근부를 통해 얼굴에 전달되기 쉬워 더욱 위력이 강해진다.

장저치기에는 스트레이트처럼 팔을 내지르는 자세도 있다(소림사 권법에서는 곰손지르기라고 한다). 주먹으로 지를 때의 너클은 가는 중수골의 끝이며 주먹을 지탱하는 손목도 흔들리기 쉽지만 장저치기(지르기)의 경우는 튼튼한 수근부를 요골(橈骨)이라는 굵은 뼈가 뒤에서 지탱하기 때문에 힘껏 내지를 수 있으며, 게다가 전완의 기세가 낭비 없이 전달되기 때문에 위력이 강력하다. 참고로 장저치기를 할 때는 미리 장저의 형태를 만들어 놓지 않는다. 처음부터 손가락을 굽혀 놓고 있으면 속도가 줄어든다. 때리는 순간에 손목을 뒤로 젖히면 (총)지신근※ 등 많은 근육의 작용으로 팔꿈치도 뻗으면서 수근부가 가속되며, 자연스럽게 손가락이 구부러져 장저의 형태가 된다.

곰손지르기

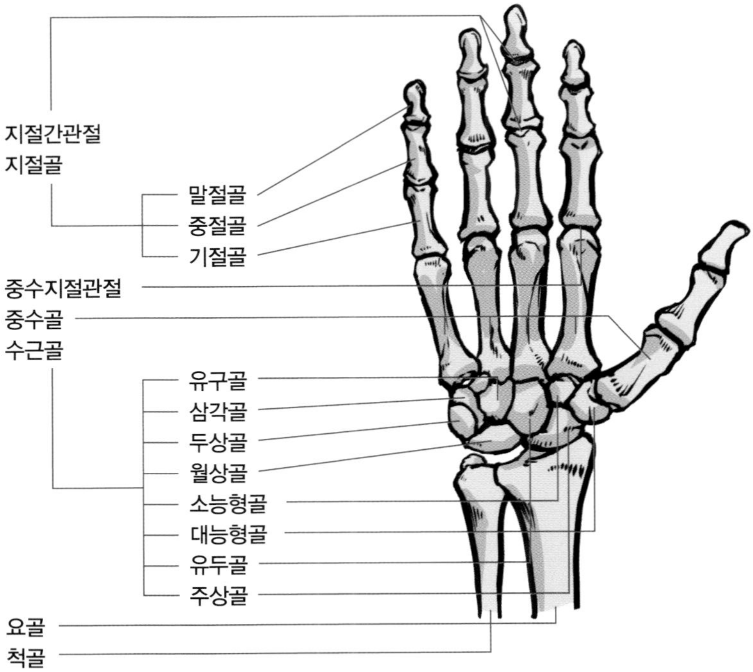

※ 145쪽 아래의 삽화를 참조.

Question

20 글러브를 사용해도 안전하다고는 말할 수 없다는데, 정말일까?

안면 펀치를 허용하는 거의 모든 격투기 시합에서는 글러브를 사용한다. Q74에서도 설명하지만, 글러브는 방어자의 안면과 공격자의 주먹 양쪽의 부상을 방지한다. 글러브를 통해 주먹과 안면의 접촉 면적이 증가함에 따라 위력(= 충격력 ÷ 접촉 면적)이 대폭 저하되기 때문이다.

그러나 글러브가 부상에 대한 안전성을 높여 준다고 해서 모든 측면에서 안전하다고는 단언할 수 없다. 언뜻 보면 주먹을 뒤덮은 글러브가 쿠션이 되어서 순간적인 충격력의 최댓값을 감소시켜 줄 것처럼 생각된다. 그러나 펀치의 충격력을 낳는 운동량을 갖는 팔이나 동체는 나무 막대와 비교해도 의외로 부드러우며, 그 끝인 너클을 글러브로 덮는다 한들 그 이상 부드러워지지는 않는다. 충격력에 대한 글러브의 쿠션 효과는 사실 거의 없는 것이다.

한편 주먹이 붕대나 글러브로 보강되어 손목이 흔들리지 않기 때문에 안심하고 전력으로 펀치를 날릴 수 있다. 또 글러브의 무게만큼 주먹이 무거워지는 효과도 있다.

그 결과 무거운 글러브를 사용할수록 충격력의 최댓값과 충격량이 모두 커진다. 내 실험에서는 글러브의 충격력(압력과 구별하기 바란다)이 맨손보다 명백히 컸다.

맨손 펀치가 턱뼈를 부러뜨려 승부가 결정됐다고 가정하자. 이것은 커다란 데미지이지만, 턱뼈가 부러짐으로써 쿠션이 되어 뇌에 전달되는 충격이 줄어든다고 생각할 수 있다. 한편 글러브는 맨손보다 덜 아프기 때문에 더 많이 맞게 되고 과감한 난타전도 벌어지게 하며, 그 결과 치명상이 될 만큼 뇌를 손상시킬 위험성이 높다.

글러브의 무게에 따른 충격력의 최댓값 차이

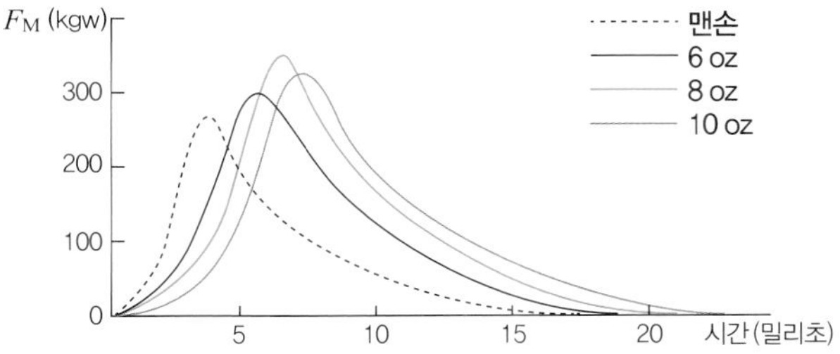

맨손이 가장 약하고 8 oz 글러브가 가장 강했다.

어느 일류 선수의 반대지르기의 충격력1

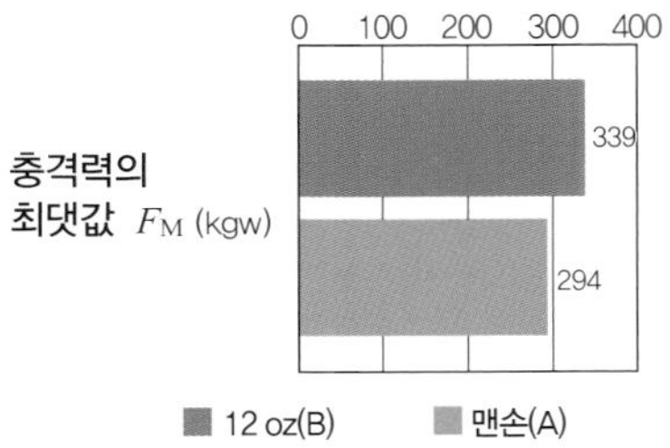

어느 일류 선수의 반대지르기의 충격력2

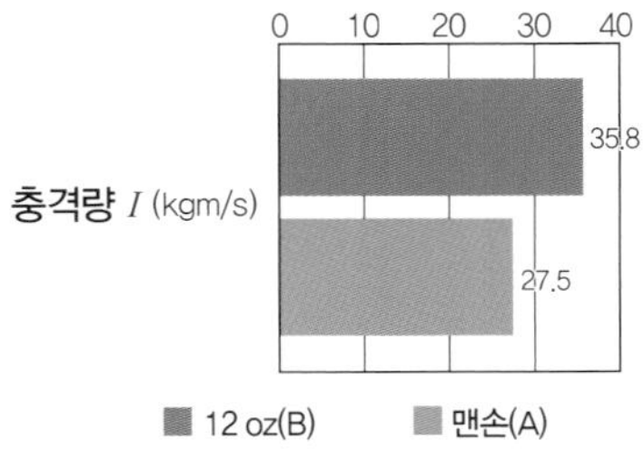

충격력의 최댓값과 충격량 모두 12 oz 글러브가 더 크다. 충격력의 최댓값이 1.15배, 충격량은 1.3배나 됐다.

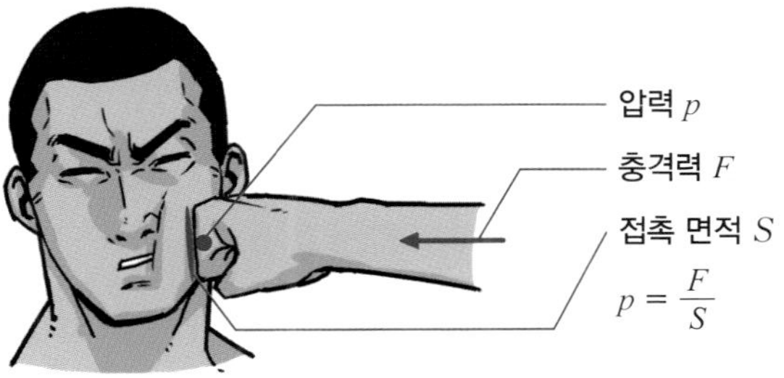

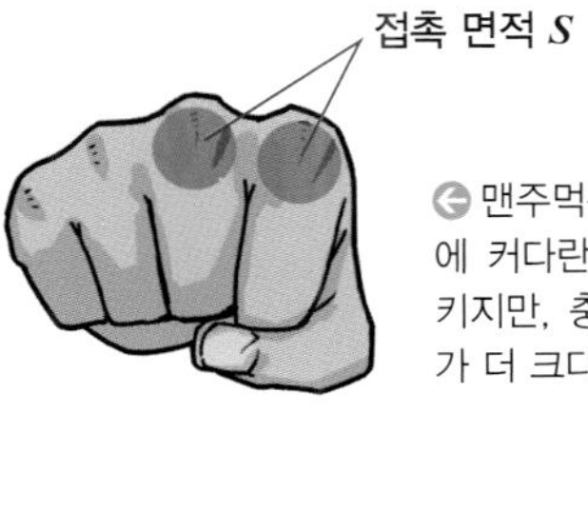

맨주먹은 작은 접촉면에 커다란 압력을 발생시키지만, 충격량은 글러브가 더 크다.

Question

21

권투에는 숏 펀치가 있는데, 더 가까운 거리에서도 때릴 수 있을까?

권투의 접근전에서 사용하는 숏 펀치는 주먹과 목표 사이의 거리가 40~50 cm일 때 사용한다. 거리가 이보다 짧을 때는 Q13의 '원투'에서 설명했듯이 페인트(상대방을 속이는 동작)를 겸한 예비 동작으로 일단 주먹을 뒤로 뺀 다음 펀치를 날린다. 일반적인 펀치도 마찬가지지만, 숏 펀치의 포인트는 양발의 움직임을 통해 허리를 회전시키거나 상체를 쓰러뜨려 어깨를 크게 움직이고 그 어깨에 펀치를 실어서 날리는 것이다. 역학적으로는 양발과 동체의 대근육군(群)의 파워를 어깨를 통해서 팔에 전달해 가속시킨다.

이 원리만 알면 팔을 뻗는, 즉 팔 자체에서 파워를 내기 위한 거리가 짧더라도 어깨의 움직임에서 충분한 에너지를 얻어 팔을 고속으로 가속시킬 수 있음을 이해할 수 있다. 숏 펀치를 날리는 거리를 30 cm, 20 cm로 줄여 가며 연습하면 의외로 강력한 펀치를 날릴 수 있음을 체험할 수 있다.

실제로 나는 이 방법으로 연습한 결과 대학 가라테부가 격파용으로 사용하는 판 세 장을 10 cm 정도의 거리에서 장저치기로 깼다. 사람의 턱을 훅과 같은 각도로 때리면 눈치 채기가 어렵기 때문에 아마도 일격에 다운시킬 수 있을 것이다.

● 촌경(寸勁)

그리고 이보다 더 근거리인 한 치(3 cm) 앞에서 펀치를 날리는 것이 '촌경'이다. 이소룡은 이것을 원 인치 펀치라고 부르며 실제로 선보여 관객들을 놀라게 했다. 일반적인 촌경은 팔을 거의 뻗은 채로 주먹 또는 손바닥이 목표에 닿을락 말락 한 거리에서 날린다. 허리를 부들 떠는 정도의 속도로 회전시킬 수 있게 되면 어깨도 순간적으로 빠르게 움직여 뻗은 상태의 팔을 급가속시킬 수 있다.

각종 격투기의 지르기(스트레이트)에서 내지른 팔의 운동 에너지의 최댓값 E_M과 어깨에서 팔로 흘러든 에너지 E_S

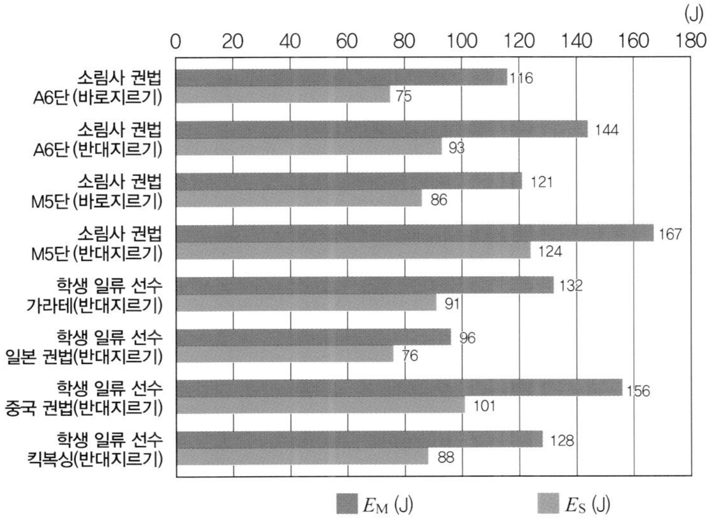

지르는 팔의 운동 에너지의 최댓값 E_M과 어깨에서 팔로 흘러든 에너지 E_S의 비 $\left(\frac{E_S}{E_M}\right)$

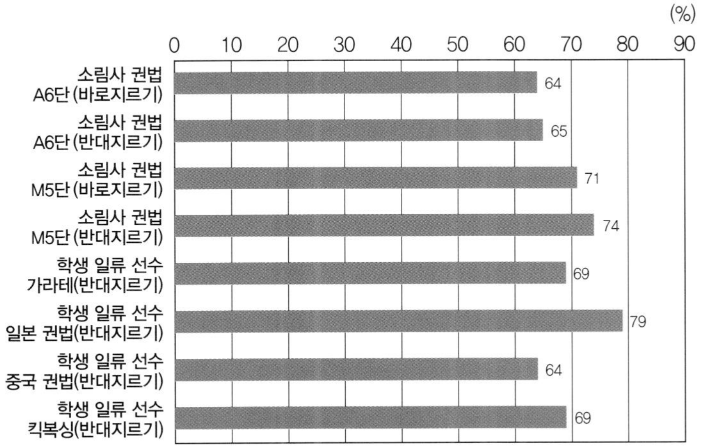

팔의 에너지 중 3분의 2 이상은 어깨의 움직임에 따른 것임을 알 수 있다.

※ 바로지르기 = 레프트 스트레이트

※ 반대지르기 = 라이트 스트레이트

J(줄)은 에너지의 단위

(시속 144 km로 날아가는 야구공의 운동 에너지는 약 120 J)

그런데 사실 촌경에는 또 한 가지 요령이 있다. 지금까지 '어깨'라고 부른 것은 정확히 말하면 견갑골의 바깥쪽에 우묵하게 패여 있는 견관절이다. 견갑골은 동체에 대해 다양한 방향으로 10 cm 정도 움직인다. 주먹을 목표에 닿을락 말락 하게 가져갔을 때 견갑골을 충분히 앞으로 내밀어 놓는다(외전). 그리고 허리의 회전이나 체중 이동을 이용해 동체 상부가 앞으로 움직이는 것에 맞춰 견갑골을 빼면(내전) 팔(주먹)을 움직이지 않고 동체 상부를 가속시킬 수 있다. 그런 다음 타이밍 좋게 견갑골을 10 cm 정도 내지르면(외전) **동체 상부의 기세가 더해진 묵직한 지르기**가 된다.

일반적인 지르기를 보디에 맞히면 상대는 근육의 힘이나 복압으로 견뎌내려 한다. 그러나 그 힘은 일순간뿐이다. 주먹을 빼지 않고 복부가 느슨해진 같은 위치를 촌경으로 지르면 주먹이 보디 속으로 깊게 파고든다. 촌경은 두 방, 세 방을 연속해서 날릴 수도 있다.

● **영경(零勁)**

촌경보다 더욱 근거리, 즉 상대에게 닿은 영거리에서 치는 것을 '영경'이라고 한다. 태극권의 달인인 이케다 히데유키 씨가 이 기술을 보여줬다. 상대의 '기'를 의도적으로 어떤 부분에 집중시키고 주변의 '기가 빠진' 무방비한 부분을 치는 것이 요령인 듯하다. 이케다 씨는 내 가슴에 손바닥을 밀착시키고 손바닥을 오므려 약간의 틈을 만드는 동시에 손가락 끝을 문질러 올리듯 하면서 목과 가까운 가슴 상부에 힘을 가했다.

당연히 내 의식(기)은 가슴 상부에 집중됐고, 수근부가 닿아 있는 부분이 '텅텅 빈 무방비' 상태가 됐다. 그 순간 이케다 씨는 가슴에 겉으로 보기에는 정말 가볍게 장저치기를 먹였다. 그러나 가벼울 줄 알았던 충격력은 가슴 속까지 파고들어 숨을 쉬기 어렵게 만들었다. 이케다 씨는 영경으로 벽돌을 깰 수 있는 실력의 소유자다. 만약 전력으로 영경을 날렸다면 내 심장은 멈췄을지도 모른다.

내전과 외전

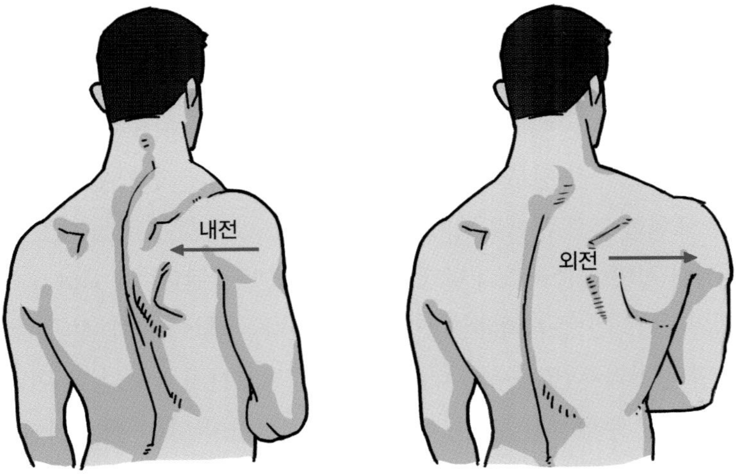

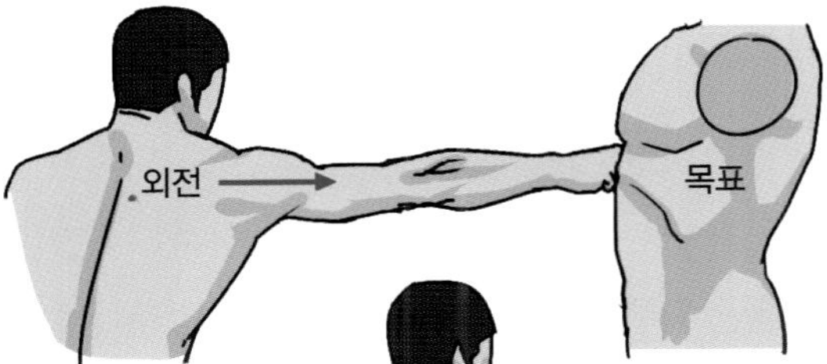

① 어깨를 최대한 외전시킨다.

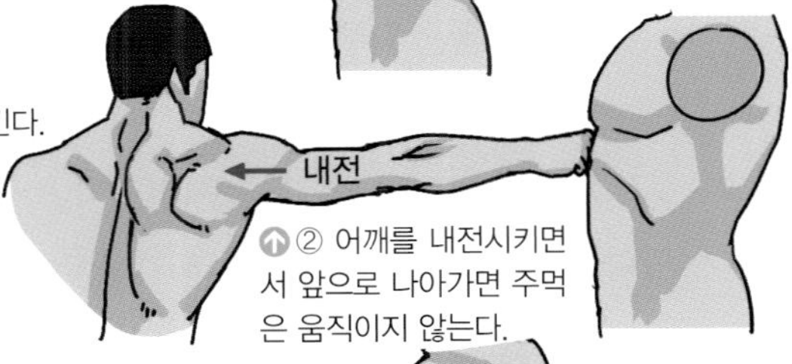

② 어깨를 내전시키면서 앞으로 나아가면 주먹은 움직이지 않는다.

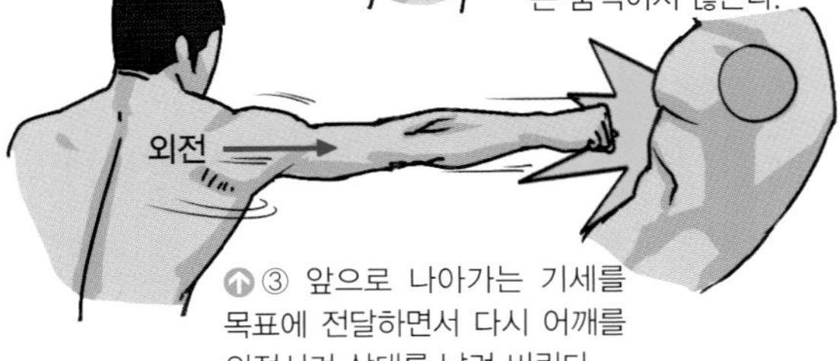

③ 앞으로 나아가는 기세를 목표에 전달하면서 다시 어깨를 외전시켜 상대를 날려 버린다.

Question
22 주먹을 상대에게 접촉시킨 상태에서 빼기만 해도 데미지를 줄 수 있다?

가라테의 지르기는 "끝까지 지른 다음 한 번 더 밀고 들어가는 것"이라고 말하는 사람이 있다. 이것은 주먹과 팔뿐만 아니라 상대를 향해 나아가는 온몸의 기세(운동량)를 전부 팔에서 주먹을 통해 전달하는 감각을 '밀어 넣는다.'라고 표현한 것으로 생각된다.

Q01에서 설명한 충격력의 발생 원리를 보면 알 수 있듯이, 목표를 향해 움직인 기세만큼만 충격력(의 충격량)으로 변한다. 주먹이 상대에게 맞아서 온몸이 완전히 멈추면(운동량 0) 더는 충격력이 발생하지 않는다. 공이 말랑말랑한 매트에 부딪혀 멈추면 그 시점에 충격력이 끝나는 것과 마찬가지다. 그렇다면 벽에 부딪힌 공이 기세 좋게 되튀길 경우는 어떨까?

처음에 부딪친 기세와 되튀긴 만큼의 기세가 충격력(의 충격량)이 된다. 바닥을 차며 점프했을 때 바닥에 큰 힘이 가해지는 것과 같다.

목표가 보디처럼 말랑말랑할 때는 주먹을 박아 넣어도 되튀기지 않는다. 그 상황에서 '보디에 닿아 있는 주먹을 마치 보디를 강하게 차면서 점프하듯이 떨어뜨릴' 수 있다면 되튀긴 공이 되튀기지 않고 멈춘 공보다 커다란 충격력(의 충격량)을 낳는 것과 같은 효과를 낼 수 있다.

이렇게 생각하면 주먹이 닿은 순간부터 '주먹으로 보디를 차도' 충격력을 낳을 수가 있다. 다이토류 합기유술의 오카모토 마코토(岡本眞) 사범의 표현을 빌리면 "상대의 보디가 굉장히 뜨거워서 빨리 손을 떼고 싶은 것을 도저히 참을 수 없을 정도까지 참다가 빼려고 하는데 뒤에 벽이 있다. 그래서 그 벽째로 날려 버린다고 생각하며 주먹으로 보디를 차는" 식이다. 상당히 고도의 기술이지만 상대를 확실히 날려 버릴 수 있다.

① 주먹을 쥐지 않은 채로 굽힌 손가락의 등 부분을 상대에게 댄다.

② 주먹을 쥐면서 질러 넣는다. 주먹을 보디에 댄 채로 약 10 cm의 거리만큼 온몸을 앞으로 가속시킬 수 있다.

③ 주먹으로 보디를 차며 뒤로 점프한다. '주먹은 앞으로, 어깨는 뒤로'라는 이미지를 그린다.

Question 23

훅이나 어퍼컷이 스트레이트보다 맞히기 어렵고 주먹을 다치기 쉬운 이유는?

완전 초보자들이 주먹 싸움을 하면 약간 롱 훅 같은 느낌의 스트레이트만 날린다고 한다. 권투 식의 순수한 스트레이트도 나름의 기술이 필요하다는 말인데, 하물며 본격적인 훅이나 어퍼컷은 초보자라면 거의 구사할 수 없을 것이다.

맨손으로 안면을 노릴 때를 예로 들어 그 이유를 생각해 보자.

스트레이트는 주먹(너클)이 목표인 얼굴을 향해 똑바로 나아간다. 상대의 얼굴이 다소 앞뒤로 움직여도 반드시 주먹이 얼굴에 명중한다. 사람은 공격이 들어오면 본능적으로 몸을 뒤로 빼는데, 이 때문에 스트레이트의 적중률이 높은 것이다.

그러나 라이트 스트레이트를 날렸을 때 상대가 얼굴을 살짝 오른쪽으로 피하면 주먹의 새끼손가락 쪽이 광대뼈 등을 때리게 된다. 이 경우 새끼손가락의 중수골만으로 충격력의 반작용을 받아내게 되므로 중수골이 부러질 수 있다. 실제로 주먹 싸움을 한 사람의 엑스선 사진을 보면 이 뼈가 부러진 경우가 많았다.

훅이나 어퍼컷은 주먹을 정확히 맞히기가 더욱 어렵다. 움직이는 상대의 얼굴까지의 거리를 스트레이트보다 순간적으로 정확히 파악해 확실히 맞혀야 하기 때문이다. 또한 훅을 날렸는데 상대의 얼굴이 예상보다 더 뒤로 움직이면 주먹의 새끼손가락 쪽이 얼굴을 때리게 된다. 어퍼컷을 날렸는데 목표인 얼굴이 앞으로 움직이면 제3관절보다 끝 쪽의 손가락뼈(기절골, 제2관절과 제3관절 사이의 뼈)로 턱뼈를 때리게 되어 역시 골절의 위험성이 있다.

권투에서는 주먹에 붕대를 감을 뿐만 아니라 글러브도 착용하지만, 그럼에도 주먹의 부상을 완전히 방지하지는 못한다. 하물며 초보자가 맨주먹을 다치지 않고 싸우기는 매우 어려운 일이다.

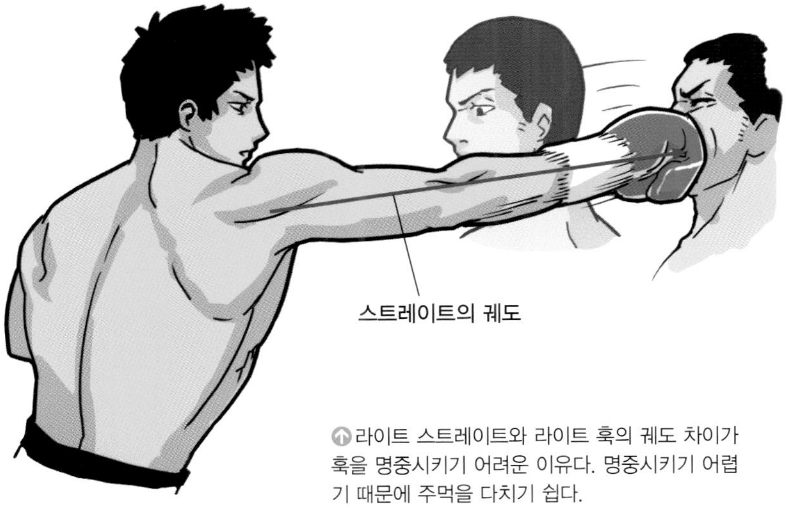

⇧라이트 스트레이트와 라이트 훅의 궤도 차이가 훅을 명중시키기 어려운 이유다. 명중시키기 어렵기 때문에 주먹을 다치기 쉽다.

Question
24

레슬러 출신의 선수는 어퍼컷 등 올려치는 펀치가 강하다?

어퍼컷은 팔꿈치의 각도가 거의 고정되어 있기 때문에 팔의 움직임이 상완(어깨 관절 각도의 변화)에 한정된다. 그러나 상완을 움직이는 어깨 주위의 근육만으로 쳐서는 파워가 절대적으로 부족하다. 스트레이트와 마찬가지로 허리의 회전을 이용해 어깨를 크게 앞으로 내밀듯이 하면서 어깨에 실어서 어퍼컷을 올려 지르는 것이다.

레프트 어퍼컷의 경우는 체중을 실은 왼쪽 무릎의 탄력을 이용하고, 라이트 어퍼컷의 경우도 접근했을 때는 무릎의 탄력을 이용해 위로 향하는 움직임을 날카롭게 한다. 이것이 권투의 교과서적인 어퍼컷이다. 그러나 허리의 회전과 무릎의 탄력을 이용하는 것만이 제1단 로켓으로서 어깨를 움직이는 방법은 아니다. 등을 약간 구부렸다가 살짝 뒤로 젖히면 어깨가 어퍼컷을 날리기에 적합하도록 아래에서 위로도 움직인다. 이 움직임의 파워원(源)은 물론 등 근육이다.

일반적으로 레슬링 선수는 상대를 안아서 던지는 등 등 근육과 무릎의 탄력을 단련한다. 권투식의 허리 회전보다 그 특징을 활용해 등을 젖히면서 무릎의 탄력을 이용하는 어퍼컷에 장점이 있다고도 할 수 있다. 상완의 움직임(어깨 관절 각도의 변화)을 억제하고 몸째 올려 치는 느낌으로 어퍼컷을 날리면 동체의 기세도 전달되어 매우 묵직한 어퍼컷이 된다.

권투 규칙이 적용되지 않는 접근전에서 이런 종류의 어퍼컷으로 보디를 올려 치면 상대는 타격에 따른 데미지 외에 몸이 뜨며 뒤로 날아가 버릴 것이다.

다만 재빠른 풋워크와 수비 기술을 구사하는 권투 경기에서는 역시 권투식 어퍼컷이 가장 효과적으로 생각된다.

↑ 굽힌 무릎, 구부린 등을 펴면서 주먹을 올려 지르는 어퍼컷은 매우 묵직한 펀치가 된다.

Question

25 키드니 블로는 왜 위험할까?

키드니(kidney)는 복부의 가장 안쪽, 즉 등 쪽에 있는 신장을 의미한다. 권투 용어인 키드니 블로는 신장뿐만 아니라 '보디 뒷면을 치는 것'을 의미하는 반칙 행위로, 선수의 안전과 건강을 지키기 위한 규정이다.

내장을 지키는 늑골의 구조를 살펴보자. 12쌍 가운데 가슴 앞면의 흉골까지 고리 모양으로 연결된 튼튼한 구조는 위쪽 7쌍뿐이다. 그 밑의 3쌍은 부드러운 늑연골에 연결되어 있고, 제일 밑의 2쌍은 끝이 떠 있다. 명치 부근에서 아래쪽의 옆구리를 얻어맞으면 괴로운 이유가 하부 늑골이 미덥지 못하기 때문이다.

등 하부(허리)는 바로 뒤에 굵은 요추와 두꺼운 요배근이 있지만, 그 측면은 요배근이나 복부 앞면의 복직근에 비해서도 근육이 얇고 맷집이 약한 부분이다.

신장은 주먹 정도의 크기로, 혈액의 노폐물을 여과해 소변으로 만드는 중요한 장기다. 그 위에는 호르몬을 분비하는 내분비 기관인 부신이 있다. 신장의 위쪽 절반은 늑골 하부로 덮여 있지만 아래쪽 절반의 측면을 지켜주는 것은 얇은 근육뿐이다. 측면을 공격당할 때는 팔꿈치로 방어할 수 있지만, 등 쪽에 가까운 측면을 공격당하면 팔꿈치의 방어 범위를 벗어나기 때문에 신장에 충격이 전달될 것이다. 전직 프로 권투 선수에게 이야기를 들어 보니, 클린치를 할 때마다 심판의 눈을 피해 등 쪽을 꾸준히 때려 주면 상대의 지구력이 점점 떨어진다고 한다.

학생 운동이 활발했던 학창 시절에 시위를 마치고 돌아온 지인이 오줌에서 피가 섞여 나오자 놀라서 병원에 갔는데, 시위가 거칠어져 몸싸움을 벌였을 때 등을 걷어차인 것이 원인이 되어 신장을 다친 것이었다.

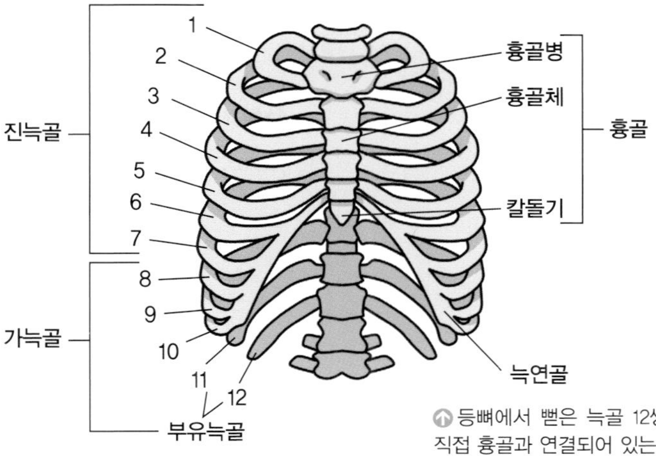

⇧ 등뼈에서 뻗은 늑골 12쌍 가운데 등뼈에 직접 흉골과 연결되어 있는 것은 위의 7쌍뿐이다. 그 밑의 3쌍은 부드러운 늑연골과 연결되어 있고, 제일 밑의 2쌍은 끝이 떠 있다.

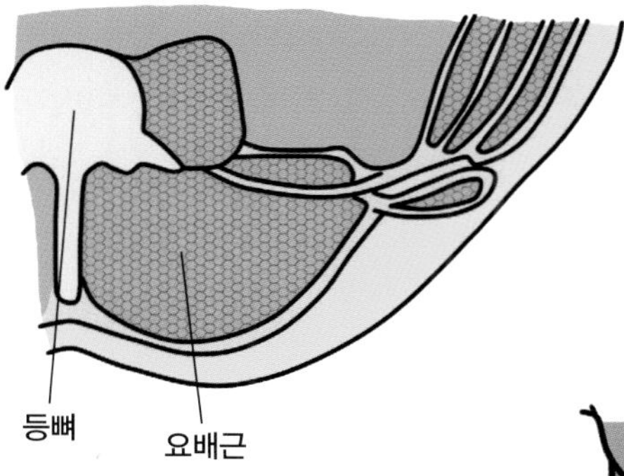

⇦ 허리의 단면. 등 쪽에는 등뼈와 두꺼운 요배근이 있지만, 측면과 가까운 곳은 근육이 얇다.

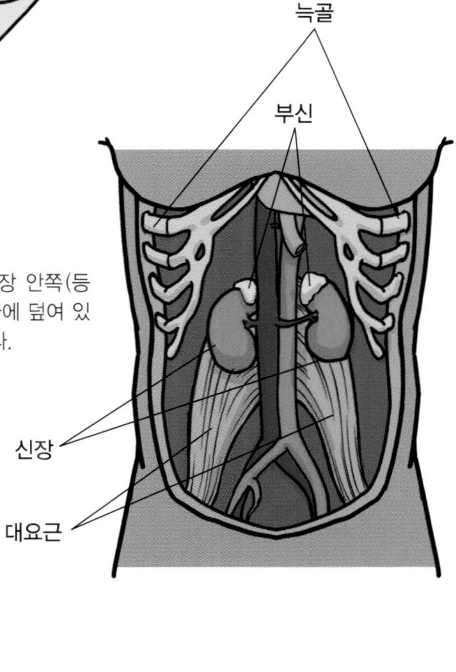

⇨ 신장은 복부에서 가장 안쪽(등쪽)의 좌우에 있다. 늑골에 덮여 있는 것은 위쪽 절반뿐이다.

Question

26 '내일의 죠'로 유명해진 크로스 카운터는 정말 위력이 있을까?

카운터는 반격 또는 역습이라는 의미로, 상대가 먼저 날린 펀치에 맞춰서 내는 펀치다. 상대가 뛰어드는 기세만큼 펀치의 속도가 상대적으로 빨라져서 위력도 커진다. 역학적으로 자세히 살펴보자.

Q03에서도 설명했지만, 펀치의 충격력은 주먹뿐만 아니라 전완과 상완, 여기에 특히 보디처럼 무거운 목표에 대해서는 동체(지르는 팔의 어깨 부분)의 기세(운동량)도 전달되며 발생한다. 충격력의 '묵직함'을 의미하는 충격량으로 보면 주먹보다 전완 · 상완 · 동체의 기세에 따른 분량이 큰 부분을 차지한다(71페이지 그래프 참조).

실제로 측정한 수치를 보면 상대가 초속 2 m(2 m/s)로 전진했을 경우 상대에 대한 주먹의 속도는 7.2 m/s에서 9.2 m/s로 28% 증가하지만, 상완은 3.8 m/s에서 5.8 m/s로 53%나 증가한다. 전완과 동체까지 추가한 온몸의 운동량, 즉 상대에 전달하는 충격량(단위는 kgm/s)은 30.5에서 47.9로 57%나 증가한다.

충격력의 최댓값을 정확히 계산할 수는 없지만, 충격량이 증가함에 따라 상당히 늘어날 것으로 생각된다. 카운터는 **상대가 빠르게 달려들수록 '묵직해'**(보디), **'날카로워'**(안면)진다.

카운터의 또 한 가지 효과는 상대가 공격에 신경을 쓰느라 방어가 허술해진다는 점이다. 크로스 카운터는 양자의 팔이 교차(크로스)한다. 그 일례로 가벼운 잽이 아니라 강력하게 날린 레프트 스트레이트에 대한 라이트 스트레이트가 있다. **상대는 펀치를 맞혔다고 생각한 순간 반대로 자신의 팔 바깥쪽에서 날아온 펀치를 맞게** 되므로 제대로 맞히면 일격에 KO도 가능하다.

통상적인 펀치와 카운터 펀치의 위력 차이

속도(m/s)의 차이

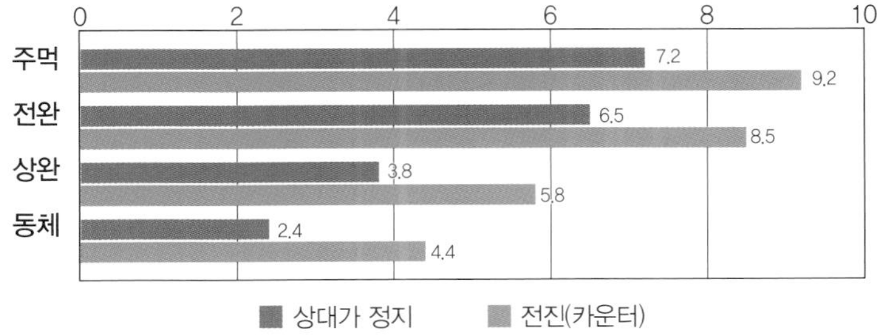

운동량(kgm/s)의 차이

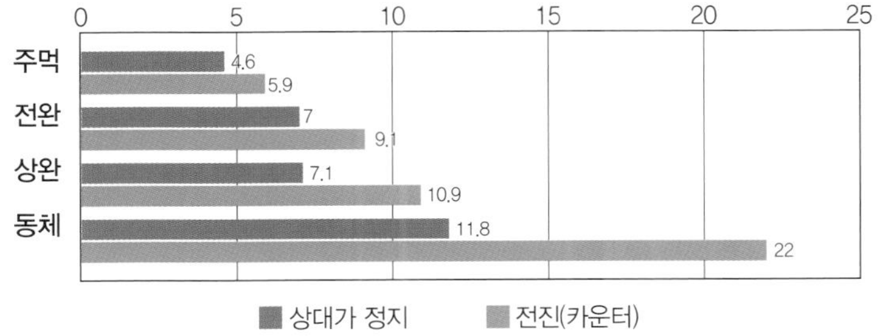

충격력 · 총충격량(kgm/s)의 차이

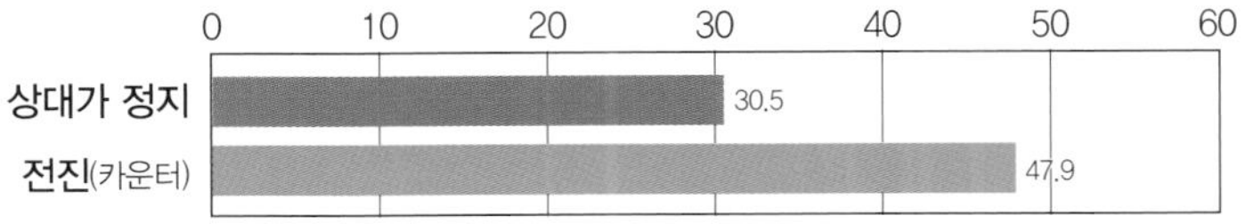

충격력 · 최댓값(kgw)의 차이

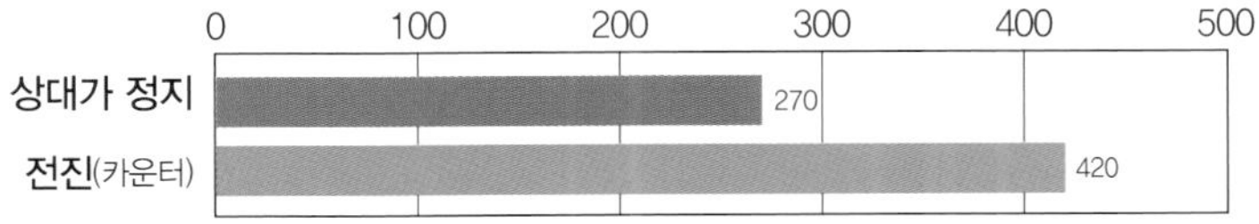

⇧속도, 운동량, 총충격량, 충격력의 최댓값 모두 상대가 전진(카운터)하는 쪽이 커진다. 또 카운터 공격은 상대의 달려드는 속도가 빠를수록 강력해진다.

※ 주먹, 전완, 상완의 질량(무게)은 체중으로부터 추정
※ 동체의 질량과 속도는 폼에 따라 달라지므로 이론적으로 무리가 없는 수치를 사용했다.
※ 충격력의 최댓값 420 kgw는 충격력의 최댓값이 총충격량에 비례한다고 가정했을 때의 값

Question 27

"라이트 훅은 어려우니까 함부로 쓰지 마라."라고 하는데, 그 이유는?

어퍼컷도 그렇지만, 훅은 스트레이트와 달리 목표와의 거리를 조금이라도 잘못 계산하면 맞힐 수가 없다. 특히 라이트 훅은 맞히면 위력이 크지만 상대와의 거리가 멀고 움직임이 크기 때문에 간파당하기 쉽다. 보디를 노리는 라이트 훅의 경우 상반신을 앞으로 기울여 무게 중심을 낮추고 안면을 노리는 훅에 비해 스윙을 크게 하는 경향이 있으며, 상대가 왼쪽 팔꿈치로 방어하기 쉽다는 단점도 있다. 또 주먹을 가로로 휘두르면서 치기 때문에 안면이 텅텅 비는 순간이 생기며, 그만큼 카운터를 맞을 위험성이 있다. 접근전을 할 때나 연타로 숏 훅을 사용할 때라면 몰라도 갑자기 달려들며 날리는 라이트 훅으로 효과를 보기는 어려울 것이다.

K-1에서 활약한 마이티 모 선수는 사모안 훅이라는 안면을 가격하는 라이트 롱 훅으로 한국의 거인 최홍만 선수를 KO시키는 등 라이트 훅을 주무기로 삼고 있다.

마이티 모 선수의 훅은 왜 명중률이 높은 것일까?

모 선수의 훅 영상을 느린 화면으로 보면 왼발을 약간 왼쪽 전방으로 크게 내딛지만 오른 주먹은 원래 위치에 머무르며 처음에는 거의 움직이지 않는다. 발을 내디딘 자세는 오른 주먹을 크게 오른쪽으로 휘두르기 시작한 형태로, 전형적인 훅의 예비 동작이다.

상대는 마이티 모 선수가 자신의 오른쪽 앞으로 발을 내디딘 것을 봤지만 오른 주먹이 움직이지 않기 때문에 처음에는 주먹이 날아오는 것을 느끼지 못하다 어느 순간 갑자기 훅이 날아온 것처럼 느낄 것이다. 그래서 반응이 한 타이밍 늦어지는 바람에 카운터는커녕 방어 시기도 놓쳐 정통으로 펀치를 맞고 KO당하는 듯하다. 사모안 훅은 톱클래스의 개성파만이 구사할 수 있는 훅이라고 할 수 있을 것이다.

⬆ 라이트 훅은 주먹을 오른쪽에서 휘두르므로 안면이 텅텅 비게 된다.

⬆ 보디를 노리는 라이트 훅은 팔꿈치로 방어당하기 쉬우며, 여기에 스윙이 커서 카운터를 얻어맞기 쉽다.

Question

28 가라테의 정권지르기는 권투와 달리 "겨드랑이를 조여야 한다."고 하는데, 그 이유는 무엇일까?

가라테의 정권지르기는 기본적으로 권투의 스트레이트와 같은 방식이지만 크게 다른 점도 있기 때문에 '겨드랑이를 조일' 필요가 있다.

첫 번째 이유는 준비 자세와 주먹을 비트는 방식의 차이다. 스트레이트는 준비 자세에서 주먹을 턱 앞에 위치시키지만 정권지르기는 허리에 위치시킨다(주먹의 높이는 유파에 따라 다르다). 가라테에서 허리에 위치시킨 주먹은 손등이 아래를 향하고 있으며, 이것이 위를 향하도록 비틀면서 지른다. 실제로 해 보면 알 수 있지만, '겨드랑이를 조이지' 않으면 주먹이 비틀림에 따라 어깨나 팔꿈치가 떠오르기 때문에 주먹을 정면으로 곧게 내지르지 못하게 된다.

두 번째 이유는 목표를 가격한 순간의 자세 차이다. 스트레이트의 경우는 준비 자세에서 뒤에 있었던 어깨가 앞으로 크게 나올 때까지 몸을 돌리지만, 정권지르기의 경우는 몸이 목표와 정면으로 마주할 때까지만 돌린다. 허리에 위치한 주먹은 목표로부터 멀리 떨어져 있기 때문에 그만큼 간격을 좁히며 내지르는 것이다.

정권지르기의 최종 국면에서 지르는 팔은 팔굽혀펴기에서 팔을 뻗을 때와 거의 같은 움직임을 보인다. 정권지르기를 할 때의 준비 자세처럼 손등이 뒤쪽(지르기의 경우는 아래에 해당)을 향하도록 주먹을 쥐고 팔굽혀펴기를 해 보면 팔을 뻗는 후반에 힘이 들어가지 않을 것이다. 정권지르기의 경우는 최종 단계에서 손등이 위를 향하도록 비틀기 때문에 팔을 강하게 뻗을 수 있고 목표로부터 되튀기는 반작용도 버텨낼 수 있는 것이다.

그렇다면 왜 주먹을 비트는 형태일 때 더 힘을 주기 쉬울까? 주먹과 함께 상완골도 비틀리는데, 상완골을 앞으로 밀어내는 대흉근이 '겨드랑이를 조이고' 비틀 때 더 힘을 내는 구조이기 때문이다.

권투에서는 턱 부근에 위치시킨 주먹을 몸을 크게 돌리면서 지른다.

가라테에서는 허리에 위치시킨 주먹을 몸이 목표와 정면으로 마주할 때까지 돌리며 지른다.

Question

29

팔꿈치치기가 왜 강력할까?

무에타이에서는 '팔꿈치치기'를 허용한다. 그래서 경기 종반에 일발 역전을 노리며 팔꿈치를 붕붕 휘두르는 선수도 있다. 한편 K-1이나 극진 가라테에서는 팔꿈치치기를 금지한다. 팔꿈치치기가 지나치게 강력해 출혈을 유발하기 때문에 스포츠 격투기에서는 인정하기 어려운 것으로 생각된다.

팔꿈치치기는 팔꿈치, 즉 전완의 척골의 밑동이 상완골과 연결되는 굵고 튼튼한 부분으로 가격하는 기술이다. 팔꿈치는 장저보다 더 단단하며, 게다가 휘두르는 속도가 의외로 빠르다. 내 측정에서도 스트레이트의 주먹 속도와 같은 수준 또는 그 이상이었다. 팔꿈치치기는 스트레이트의 손목처럼 흔들리는 부분이 없어 팔 전체의 기세가 확실히 전달될 확률이 높기 때문에 충격력의 최댓값이 커진다.

이른바 팔꿈치 지르기처럼 팔꿈치를 옆으로 내지르는 방법도 있지만, 그 밖에도 팔꿈치가 밑에서 포물선을 그리며 턱을 올려치기, 안면이나 보디에 대해 수평으로 휘둘러 치기, 일단 올려친 다음 가드의 빈틈을 노려서 관자놀이 등을 내려치기, 달라붙은 상대의 후두부를 상완을 거의 연직으로 유지한 채 아래로 내리찍기 등 다채로운 방식으로 사용할 수 있다.

안면(두부)에 맞았을 경우 얇은 피부와 표정근, 혈관 등이 팔꿈치의 뼈와 얼굴뼈 사이에 끼게 된다. 돌 도마 위에 올려놓은 얇은 고기를 돌 방망이로 두들기는 꼴이다. 특히 팔꿈치가 안면을 스치듯이 맞히면 피부가 찢어진다. 또 관자놀이 등의 혈관을 끊어서 출혈로 경기가 즉시 중단되기도 한다.

중국 권법에서도 상대의 팔을 붙잡고 끌어당기면서 옆구리를 팔꿈치로 치는 등 실전적인 팔꿈치치기를 볼 수 있다.

팔꿈치의 구조

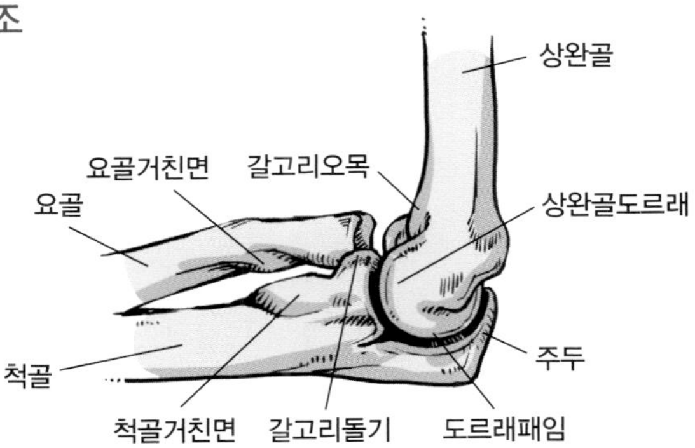

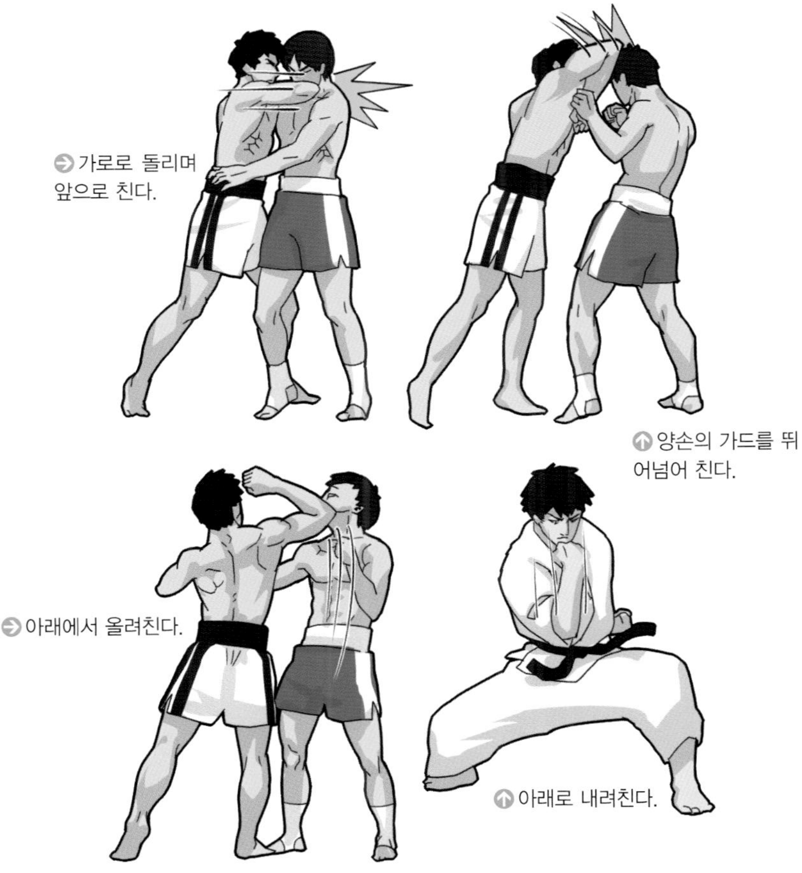

가라테와 공통점이 많은 무에타이의 다채로운 팔꿈치치기

제3장 차기 · 킥의 과학

Question
30
강한 돌려차기를 하려고 하면 팔을 반대 방향으로 휘두르게 되는 이유는?

조금 어렵지만 '각운동량'이라는 용어를 기억해 두기 바란다. 물체의 '회전하는 기세'라는 의미다. 물체가 무거울수록, 회전축과 거리가 멀수록, 회전 속도가 빠를수록 각운동량이 커진다. 각운동량은 외부에서 토크(회전력이라는 의미)※가 걸리지 않는 이상 크기가 변하지 않는다(이것을 각운동량 보존의 법칙이라고 한다).

간단한 실험으로서 회전하는 의자에 앉아 양발을 띄우고 양팔을 좌우로 크게 흔들어 보기 바란다. 양팔과 반대 방향으로 발이나 의자가 돌아갈 것이다. 조용히 앉았을 때는 각운동량이 0이다. 양팔을 오른쪽으로 돌리면 시계 방향으로 도는 각운동량이 발생한다. 한편 의자에는 외부에서 토크가 걸리지 않아 전체의 각운동량이 일정(0)한 상태다. 그래서 양발과 의자가 반대 방향인 반시계 방향으로 돎으로써 양팔의 시계 방향으로 도는 각운동량을 상쇄해 0으로 만드는 것이다.

오른발 돌려차기를 할 때는 오른발과 상반신이 왼발(축발)을 회전축으로 삼아 반시계 방향으로 돈다. 돌려차기의 동작 중에 왼발의 발끝으로 서면 바닥을 비틀지 못하기 때문에 몸에 걸리는 외부에서의 토크가 거의 0이 된다. 이것은 회전하는 의자에 앉은 것과 같은 상태로, 온몸의 반시계 방향의 각운동량은 변하지 않는다.

양팔을 시계 방향으로 휘두르면 각운동량을 상쇄하려고 오른발과 상반신이 더욱 빠르게 반대 방향인 반시계 방향으로 회전한다. 양팔을 크게 뻗고(회전축에서의 거리를 멀게 한다) 고속으로 휘두를수록 강한 돌려차기가 된다. 다만 실제 돌려차기를 할 경우, 오른팔은 크게 뻗어서 돌리면 되지만 왼팔은 왼손이 가드를 겸해서 안면을 보호하는 위치에 오도록 휘두르는 편이 좋을 것이다.

일반적인 오른발 하이 킥

무릎을 높이 올린 다음 고관절의 내선을 통해 무릎부터 끝이 포물선을 그리듯이 발을 휘두른다.

오른발 브라질리언 킥

무릎을 올리고 무릎이 아래를 향할 만큼 고관절을 내선시키면 발목이 위로 온다. 그 발을 내려 차면 차는 발이 수직으로 떨어진다. 일반적인 하이 킥과 섞어서 구사하면 중간까지 궤도가 같기 때문에 대응하기가 어렵다.

Question
33
무릎차기가 강력한 이유는 무엇일까? 또 어떻게 차야 위력이 강해질까?

무릎차기에도 여러 가지가 있지만, 결국 목표를 가격하는 부위는 무릎이다. 무릎은 팔꿈치 이상으로 튼튼한 부위이므로 전력으로 찰 수 있다. 가장 위력이 있는 무릎차기 기술은 기세를 붙여서 안면 등을 가격하는 '뛰어 무릎차기'다. 무릎, 즉 인체에서 가장 크고 튼튼한 대퇴골의 끝으로 창과 같이 찌르는 것이다.

온몸의 기세가 딱딱한 대퇴골을 통해 전달되므로 충격력의 최댓값과 충격량 모두 매우 커진다. 킥복서였던 사와무라 다다시 선수의 '진공 뛰어 무릎차기'와 K-1에서 활약한 레미 본야스키 선수의 '플라잉 니'가 특히 유명하다.

또한 몸 전체를 날리지 않아도 허리를 빠르게 내밀면서 대퇴골로 찌르듯이 무릎을 내밀면 역학적으로는 뛰어 무릎차기에 가까운 위력이 만들어질 것이다. 이때 무릎을 최대한 접어서 정강이와 대퇴골이 수평에 가깝도록 유지하면 충격력이 더욱 커진다. 그 이유는 다음에 설명할 또 다른 무릎차기의 경우와 같다.

또 다른 무릎차기 방식은 이른바 '목씨름'과 같이 상대의 목을 끌어안고 앞으로 기운 보디를 올려 차는 것이다. 대퇴골의 길이 방향과 차는 방향이 크게 다르므로 '대퇴골로 찌르기'는 불가능하지만, 그 대신 무릎을 올려 참으로써 무릎부터 아래쪽(정강이와 발)이 기세 좋게 움직인다. 이 부분의 운동량을 목표에 전달하기 위해서는 정강이뼈가 창처럼 목표를 찌르는 것이 중요하다. 무릎을 굽히는 각도를 조절해 정강이뼈로 찌르기 바란다. 이것을 게을리 하면 찌르는 것도 아니고 치는 것도 아닌 어중간한 무릎차기가 되어 버린다. 옆(바깥쪽)에서 무릎을 돌려서 복부를 찰 때도 무릎의 각도 조절과 대퇴부의 내선을 통해 정강이뼈가 목표를 찌르도록 신경 쓰자.

⬋펀치에 대해 한손으로 목을 누르며 무릎차기

⬋두 전완 사이에 머리를 끼우고 양손으로 목을 끌어당긴 목씨름 상태에서의 무릎차기

Question
34

돌려차기는 "발이 가슴에서 뻗어 나온다는 생각으로 차라."라고 하는데, 무슨 의미일까?

Q68에서 설명하겠지만, 펀치는 어깨를 고속으로 움직이고 그 어깨에서 팔을 뻗는 것이지 팔만으로 찌르는 것이 절대 아니다. 그리고 돌려차기에서 펀치의 어깨에 해당하는 부위는 차는 발의 고관절이다. 축발의 고관절을 중심으로 골반을 회전시키고 차는 발의 고관절을 차는 방향으로 움직이면서 그 움직임에 편승해 차는 발을 휘두르는 것이다. 골반이 움직이지 않는 차기는 어깨가 움직이지 않는 펀치와 마찬가지로 아무런 위력이 없다. 또한 축발의 외선(外旋)이 중요한데, 이를 통해 차는 발의 고관절의 움직임이 더욱 커지기 때문이다.

쌍절곤을 휘두를 때 두 봉을 연결하는 줄 부분에서는 파워가 전혀 나오지 않는다. 한쪽 봉의 끝을 잡은 손이 파워의 근원이다. 돌려차기에서 이 손에 해당하는 부위가 차는 발의 고관절이다.

쌍절곤과 차는 발의 다른 점은 두 봉을 연결하는 줄에 해당하는 무릎 관절에서도 파워를 낼 수 있다는 것이다. 고관절의 움직임과 무릎 관절을 뻗는 타이밍이 맞으면 차는 발을 쌍절곤 이상으로 강력하게 휘두를 수 있을 것이다.

돌려차기를 할 때 활동하는 것은 양발의 근육만이 아니다. 요추와 골반에서 대퇴골을 끌어 올리는 장요근※도 중요하다. 여기에 균형을 유지하면서 골반을 움직이기 위해서 골반과 늑골을 연결하는 복근군(복직근 · 외복사근, 내복사근), 배근군도 활동한다. 요컨대 가슴에서 아래의 근육 대부분을 사용한다. 또한 골반을 올바르게 움직이며 하이 킥을 하면 차는 발의 고관절은 가슴과 거의 같은 높이가 된다.

이런 이유에서 '차는 발이 가슴에서 뻗어 나온다.'는 이미지를 가지면 골반이 잘 움직이는 위력 있는 돌려차기가 되는 것이다.

➲ 돌려차기는 차는 발의 고관절의 움직임이 중요하다.

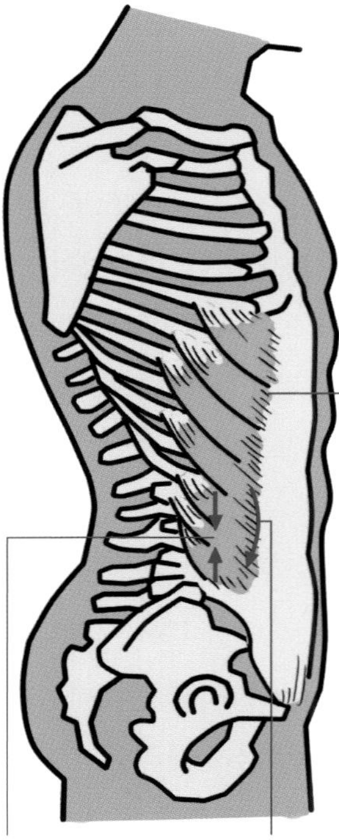

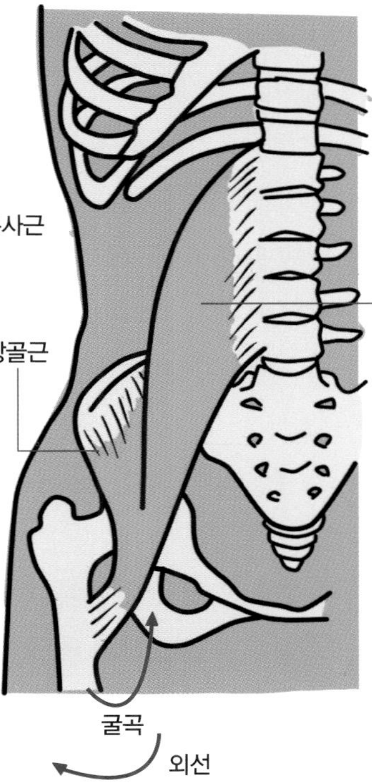

※ 장골근과 요근을 묶어서 장요근이라고 한다. 요근은 대요근과 소요근으로 나뉜다.

Question
35 고 앤디 훅 선수의 화려한 '발뒤꿈치 내려찍기'는 얼마나 효과적이었을까?

발뒤꿈치 내려찍기는 발을 최대한 뻗은 채로 머리 위 높이 들었다가 떨어뜨리는 기술이다. 단단한 발뒤꿈치가 기세 좋게 안면에 적중하기 때문에 당연히 충격력도 크고 위력이 있다. 설령 안면을 맞히지 못하더라도 쇄골을 위에서 내리치면 상당한 데미지가 될 것이다.

발뒤꿈치 내려찍기와 움직임과 노리는 장소가 매우 흡사한 손기술로는 높이 휘둘러 올렸다가 내려치는 정면 수도치기가 있다. 움직임이 크기 때문에 초보자도 간단히 방어할 수 있다. 오른손 정면 수도치기에 대응할 때는 오른팔의 전완을 손가락 끝이 45도 왼쪽 위를 향하도록 바로 들어 올리면서 왼쪽 대각선 앞으로 발을 내디디면 수도의 궤도를 피하며 상대의 배후로 돌아 들어갈 수 있다.

발뒤꿈치 내려찍기는 정면 수도치기보다 동작이 더 크므로 간파당하기 쉽다. 그러므로 효과적으로 사용하려면 어떤 요령이 필요하다. 발뒤꿈치 내려찍기는 발을 똑바로 들어 올렸다가 내려찍는 왕복 운동처럼 보이지만, 앤디 훅 선수는 세로로 길쭉한 타원 궤도의 발꿈치 내려찍기도 사용했다. 오른발로 찰 경우, 자신이 봤을 때 왼쪽으로 발을 들어 올렸다가 세로로 길쭉한 타원 궤도를 그리며 움직임을 오른쪽 방향으로 바꾼다(좌우가 바뀐 움직임도 있다). 이것은 앞을 향한 채 뒤돌려차기의 후반부 동작을 한 것과 마찬가지다. 중국 권법의 '파각(擺脚)'은 이 방식으로 발을 휘둘러 발뒤꿈치나 새끼발가락 쪽으로 안면을 차는데, 동작이 큰 것에 비해 간파하기가 어렵다고 한다. 그 밖에 무릎을 굽힌 채 들었다가 발뒤꿈치 내려찍기로 바꾸는 기술도 있다. 발뒤꿈치 내려찍기는 이따금 의표를 찔러서 사용해야 할 기술이며, 자주 사용하면 금방 눈에 익어서 간파당한다. 앤디 훅 선수는 관객의 기대에 부응하기 위해 발뒤꿈치 내려찍기를 자주 사용했는지도 모른다.

⬆ 중국 권법에도 발뒤꿈치 내려찍기와 비슷한 기술이 있다. 발끝을 멈추지 않고 찰 수 있기 때문에 단순한 올려차기→정지→내려차기보다 에너지의 측면에서 유리하다.

Question 36

다리를 '끝까지 휘두르는' 돌려차기와 '거둬들이는' 돌려차기에 위력의 차이가 있을까?

풀 콘택트 가라테나 무에타이에서는 상대가 돌려차기를 피하면 그대로 한 바퀴 회전한다. 처음부터 발을 끝까지 휘두를 생각으로 차는 것이다. 상대를 가격하는 부위는 정강이뼈(경골) 또는 발등이다. 전통 가라테에서는 동작의 후반에 허리나 무릎을 거의 움직이지 않고 무릎의 스냅으로 날카롭게 차서 상족저※(발가락을 젖혔을 때 드러나는 발가락 밑동의 관절 부분)를 적중시키며, 찬 뒤에는 발을 거둬들인다. 소림사 권법에도 전통 가라테와 비슷한 방식으로 찬 다음에 발이 붙잡히지 않도록 즉시 거둬들인다.

충격력만 보면 풀 콘택트 가라테나 무에타이처럼 허리를 충분히 돌려 정강이로 차는 것이 가장 유리하다. 하이 킥의 경우 발등으로 가격해도 충분히 위력이 있을 것이다. 무릎의 스냅으로 차는 방법은 면적이 작은 상족저로 맞히기 때문에 전체 충격력은 비교적 작지만 압력이 집중되는 효과가 있다.

직접적인 타격을 가해서는 안 되는(특히 안면에는 가벼운 타격만 가해도 반칙패가 된다) 이른바 '슨도메 규칙'의 가라테 시합에서는 타격 직전에 발을 멈추기가 불가능한 끝까지 휘두르는 돌려차기를 사용할 수가 없다.

그렇다면 어떤 방식의 돌려차기가 실전에서 더 유리할까? 경기 규칙과는 별개로 전통 가라테나 소림사 권법은 고환이나 눈 등에 대한 공격은 물론이고 상대가 붙잡거나 던질 것을 전제로 한다. 한편 풀 콘택트 가라테나 무에타이의 경우는 이런 공격이 금지되어 있다. 전통 가라테나 소림사 권법의 선수가 풀 콘택트 가라테 시합에서 지더라도 실전에서 약하다고는 말할 수 없다. 극단적인 반대 사례로, 풀 콘택트 가라테의 챔피언도 슨도메 룰의 시합에서는 거의 이기지 못할 것이다. 차는 방식의 우열은 실전의 상황이나 규칙에 따라 달라진다고 말할 수밖에 없다.

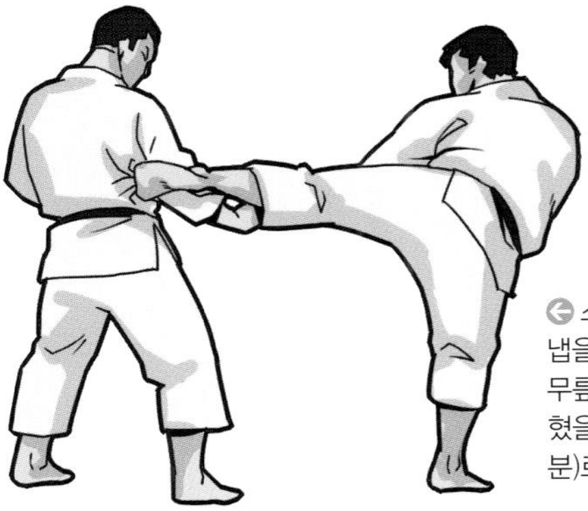

← 소림사 권법의 돌려차기는 무릎의 스냅을 사용한다. 전통 가라테의 돌려차기도 무릎의 스냅으로 차서 상족저(발가락을 젖혔을 때 드러나는 발가락 밑동의 관절 부분)로 가격한다.

↑ 무에타이의 돌려차기. 상대가 피하면 그대로 한 바퀴 회전한다.

※ 유파에 따라 전족저, 중족, 호지 등으로 부르기도 한다.

Question 37

전통 가라테의 앞차기와 무에타이의 앞차기는 어떻게 다를까?

가라테나 소림사 권법의 앞차기는 무릎의 스냅을 이용해 상족저(발가락 밑동의 관절 부분)로 가격한다. 먼저 무릎을 드는데, 목표(고환 · 명치 · 안면)의 위치가 높을수록 무릎의 위치도 높아진다. 달리 말해 상대가 무릎의 높이를 보고 목표를 예측하기 용이하다는 약점도 있다. 그러나 예를 들어 오른발 앞발차기의 무릎 위치가 높은 것을 보고 안면을 노린다고 판단해 왼쪽으로 피했는데 그 순간 상대가 넓적다리를 내선시키며 **Q36**에서 설명한 돌려차기로 전환해 관자놀이를 찰지도 모른다.

이 유형의 앞차기(유형1이라고 부르자)는 **발끝이 무릎을 중심으로 원을 그리기 때문에 무릎이 완전히 뻗을 무렵에는 위를 향해 차게 된다.** 그래서 상대가 상체를 젖히면 빗나가거나 보디를 맞힌 발이 위쪽으로 미끄러져 효과가 크게 감소한다.

유형1은 빠르게 찰 수 있으므로 상체를 젖혀도 피할 수 없는 고환을 찰(발등으로 가격한다) 때 적합하다. 또 상대가 보디에 펀치를 날리려고 들어오는 등 몸을 앞으로 기울인 순간을 노려서 찰 수도 있다. 전통 가라테에는 상대가 지른 팔을 끌어당기는 기술이 있다. 몸을 앞으로 기울어지게 해서 자세를 무너뜨려 무방비 상태로 만든 다음 안면을 차면 절대적인 효과를 기대할 수 있다. 소림사 권법에는 손목 관절기로 엎어뜨린 상대를 차기 쉽도록 절반쯤 일으켜 세운 다음 명치를 차는 기술도 있다.

기본적으로 타격기만이 허용되는 무에타이에서는 앞에서 이야기했듯이 간파당하기 쉬워 효과가 없다고 보기 때문에 무릎의 스냅을 이용하는 앞차기를 사용하지 않는다. 상족저로 찼을 때 상대가 팔꿈치로 블록하면 발가락을 다치기 쉽다는 점을 이유로 드는 사람도 있다.

무에타이의 앞차기(유형2라고 부르자)는 **무릎을 높이 들고 허리를 내밀면서**

무릎의 스냅을 이용하는 전통 가라테의 앞차기. 상대가 상체를 젖히면 빗나가기 쉽다.

무릎을 높이 올린 다음 상대를 밀어내는 무에타이의 앞차기

발을 뻗어 전방으로 내지른다. 상족저가 아니라 발바닥으로 가격하기도 한다. 상대가 펀치나 킥으로 공격하는 것을 밀어내거나 유리한 거리를 유지하기 위해 사용한다.

K-1 챔피언도 차지했던 세미 슐트 선수는 2 m를 가볍게 넘기는 장신에 걸맞은 먼 거리를 유지하며 싸웠는데, 상대가 거리를 좁히려고 하면 앞차기로 밀어냄으로써 접근을 쉽게 허용하지 않았다. 이 앞차기는 '무게'가 있기 때문에 자칫 여러 방을 맞으면 데미지가 누적된다. 또 킥복싱 열풍이 불었던 과거에 일본의 톱클래스 선수가 무에타이 선수의 앞차기를 안면에 맞고 입술이 찢어진 적도 있다. 방어를 목적으로 한 앞차기도 때로는 커다란 데미지를 준다.

네 가지 격투기에서 일류인 학생 선수를 대상으로 차는 방식에 따른 앞차기의 충격력(최댓값과 충격량)의 차이를 살펴보자. 중국 권법은 차는 방법이 독특해 앞차기에 가까운 기술을 선택했다. 참고로 돌려차기도 측정했는데, 전원이 풀 콘택트 가라테나 무에타이 방식으로 돌려차기를 했다.

전체적인 경향을 살펴보면, 유형1의 앞차기와 돌려차기의 충격력에 눈에 띄는 차이가 없었다. 앞차기 유형1과 유형2의 충격량은 세 종류의 격투기에서 유형2가 유형1보다 컸으며, 특히 가라테와 킥복싱은 그 차이가 컸다. 가라테의 유형2는 발뒤꿈치를 포함한 발바닥 전체를 부딪치듯이 차며, 충격력의 최댓값도 유형1보다 컸다. 킥복싱의 유형2는 충격력의 최댓값이 유형1의 약 절반에 불과했지만 충격량은 가라테의 유형2와 거의 같았다. 이 충격량이면 계산상 체중이 70 kg인 상대를 초속 2.5 m(시속 9 km)로 밀어낼 수 있으므로 효과는 충분하다.

각 격투기의 앞차기와 돌려차기의 충격력 최댓값

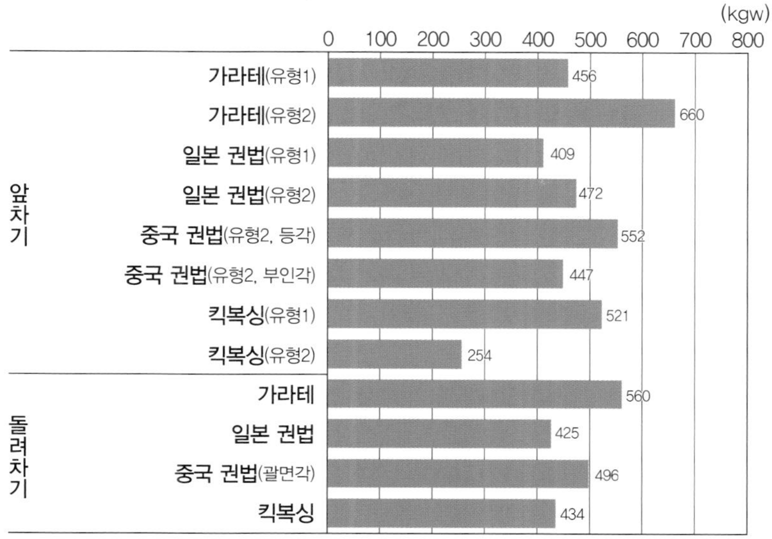

가라테의 앞차기 유형2는 충격력의 최댓값이 매우 크다.

각 격투기의 앞차기와 돌려차기의 충격량

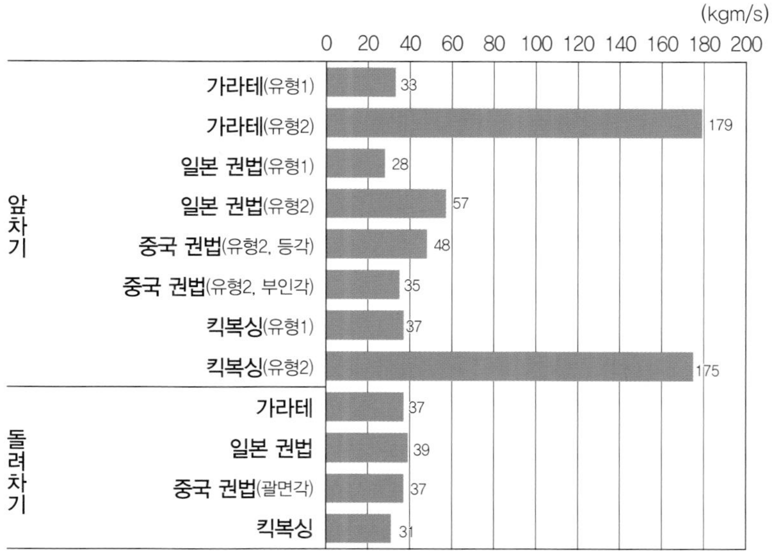

가라테의 앞차기 유형2와 킥복싱의 앞차기 유형2의 충격량이 특히 크다.

Question

38

무릎차기의 준비 동작으로 상대를 붙잡는 '목씨름'이란?

무에타이의 무릎차기는 내장 파열이 생길 만큼 강력하지만 상체를 뒤로 젖히는 스웨이 백으로 피할 수 있기 때문에 차는 발과 같은 쪽 손으로 상대의 후두부를 눌러 끌어당기면서 찰 때가 많다. 양손을 사용하면 상대는 벗어나기가 더 어려워지며, 그 결과 상대의 자세를 무너뜨리며 찰 수가 있다. 이것이 목씨름이다.

상대를 끌어당기면서 차면 목표인 보디로 향하는 무릎의 상대 속도가 빨라지게 된다. 전진해 들어오는 상대에 대한 카운터펀치가 위력적인 것과 같은 이유다. 양손을 상대의 윗목부터 후두부에 걸고 양 팔꿈치를 모으듯이 끼운다.

숙련자는 단순히 끌어당기는 것이 아니라 전완으로 상대의 쇄골을 눌러서 지레의 받침점으로 삼고 목이 앞으로 기울도록 힘을 가한다. 목이 앞으로 기울면 경반사(頸反射)라고 해서 배근 등 끌어당겨짐에 대항해 몸을 뒤로 젖히는 힘을 내기가 어려워지기 때문이다. 그래도 상대가 버틸 경우는 스텝을 밟아서 발을 앞뒤로 벌리고 갑자기 몸을 가라앉혔다가 한 타이밍을 늦게 앞발만으로 체중을 지탱하면 온몸의 체중을 실어서 상대에게 매달리는 형태가 되어 강한 힘으로 끌어당기게 된다. K-1에서도 활약하는 쁘아까오 선수는 이 방법으로 클린치 상태에서 상대를 순식간에 넘어뜨린다. 나도 수련회에서 검은 띠에게 이 방법을 시험해 봤는데, 목을 다쳤다는 불평을 들었다.

타이의 체육관에서는 현수 운동 10회를 10세트 이상 하는 등 목씨름으로 상대를 끌어당기는 힘을 철저히 단련한다. 또 서로 목씨름 자세가 되어 상대의 자세를 무너뜨리는 훈련을 때로 30분 이상 계속한다. 무에타이 출신 권투 선수가 클린치에 강한 이유는 목씨름으로 단련을 했기 때문이다.

← 차는 발과 같은 쪽 손으로 상대의 후두부를 눌러 빠져나가지 못하게 하는 것이 포인트

↑ 단순히 끌어당기기만 해도 되지만, 상대의 쇄골을 받침점으로 삼아 화살표 방향의 힘으로 목을 기울이면 효과적이다.

↑ 발을 앞뒤로 벌리고 상대에게 매달리듯이 온몸의 체중을 싣거나 뒷발을 회전시키듯이 빼면서 휘두른다.

→ 목씨름으로 자세가 무너져 방어력이 떨어진 상황에 끌어당김에 따른 카운터 효과가 더해져 일격 필살의 위력이 나온다.

Question
39

목씨름에서 연결되는 무릎차기 공격에 대처할 방법은 없을까?

K-1에서는 목 잡고 무릎차기를 허용하지 않는다. 이는 무에타이에서의 목씨름에서 연결되는 무릎차기가 그만큼 위협적인 기술이라는 뜻이다. 그러나 어떤 공격 기술이든 반드시 방어법이나 반격법이 있기 마련이다.

먼저, 상대가 목을 잡으려고 들어오는 타이밍에 맞춰서 팔꿈치치기로 반격할 수가 있다. 실전이라면 안면에 박치기를 해도 효과적일 것이다.

그런데 반격이 성공하지 못해 목씨름 자세에 돌입했다고 가정하자. 이때 가장 좋지 않은 행동은 무릎차기를 두려워해 허리를 빼고 빠져나가려고 하는 것이다. 허리를 빼면 자연스럽게 몸이 앞으로 기울어진 취약한 자세가 되며, 게다가 상대가 무릎차기를 하기 위해 필요한 공간이 생기기 때문이다. 그러므로 빠져나가려고 하지 말고 공간을 없애기 위해 몸을 뒤로 젖히며 상대에게 밀착한다. 이렇게 하면 무릎차기를 하지 못한다.

상대는 스텝백을 하거나 좌우로 흔들어서 원심력으로 공간을 만들려고 시도할 것이다. 이것을 버티고 목이 앞으로 기울지 않도록 상체를 젖혀 밀착한 상태를 유지하면서 틈을 봐서 상대의 양 팔꿈치 사이에 자신의 양손을 끼워 넣는다. 공격 측이 양 팔꿈치를 좁히는 것은 이 반격을 예상해서인데, 몸싸움을 벌이는 가운데 상대가 불안정해지면 빈틈이 생길 것이다. 양손을 끼워 넣는 데 성공하면 손목을 받침점으로 삼아 상대의 양 팔꿈치를 벌려 팔을 풀 수 있으며, 반대로 자신이 목씨름에서 무릎차기로 이어지는 공격을 할 수 있다.

규칙이 없는 싸움이라면 목씨름에 돌입한 상대가 팔꿈치치기나 무릎차기를 하지 못하도록 밀착한 다음 허리를 감싸고 들어 올려 쓰러뜨리거나 유도의 안다리후리기처럼 두 발 사이에 한쪽 발을 집어넣고 상대의 같은 쪽 발을 안쪽에서 걸어 쓰러뜨릴 수도 있다.

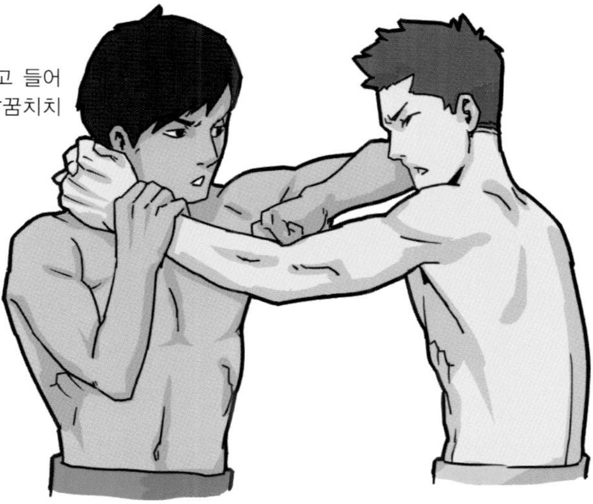

➡ 목을 잡으려고 들어 오는 상대를 팔꿈치치기로 반격한다.

⬆ 오른쪽 선수처럼 무릎차기를 할 공간을 주지 않기 위해 몸을 뒤로 젖혀 밀착하고 팔꿈치 안쪽으로 양손을 끼워 넣는다.

⬆ 오른쪽 선수처럼 밀착하면 무릎차기에 맞지 않는다.

Question

40 차는 발의 무릎을 멈추면 발끝이 빠르게 날아가는 '날카로운' 차기가 된다?

역학의 원리를 이해한 매우 좋은 질문인데, 사실은 무릎을 급정지시켜서는 안 되는 해부학적 이유가 있다.

무릎을 뻗어서 전굴(고관절 굴곡)시키면 넓적다리 후면의 근육군(햄스트링)이 아플 만큼 늘어남을 느낄 것이다. 햄스트링은 무릎을 굽히는 기능과 고관절을 중심으로 무릎을 뒤쪽으로 보내는 기능(동체의 후굴=고관절 신전)을 겸한다. 예를 들어 앞차기를 할 때 기세 좋게 들어 올린 무릎을 멈춘다고 가정하자. 이를 위해서는 올렸던 무릎을 반대로 내리는 근육, 즉 햄스트링이 활동하는데, 그 결과 무릎을 굽히는 기능의 영향으로 무릎을 뻗는 속도가 저하된다.

소림사 권법의 앞차기를 보면 무릎을 거의 직각으로 굽힌 채 넓적다리가 수평 정도가 될 때까지 무릎을 들고 일순간 무릎의 움직임을 멈춘다. 그리고 다음 순간 햄스트링이 활동하지 않는 상태에서 대퇴사두근의 활동을 통한 무릎의 스냅으로 고환이나 명치를 가격하거나 돌려차기로 전환하여 옆구리를 찬다.

두부를 노리는 하이 킥은 '날카로움'이 중요하다. 그래서 무릎을 충분히 굽힌 상태로 차기 시작해 맞히기 직전에 무릎의 움직임을 멈추는 동시에 갑자기 무릎을 뻗으며 발끝을 날리는 방식의 차기를 자주 볼 수 있다. 그러나 무릎을 급정지시킨다고 발끝이 빠르게 날아가는 것은 아니다. 기슭에 접근하는 보트에서 기슭으로 점프하면 보트는 감속하거나 정지한다. 이와 마찬가지로 굽혀 놓았던 무릎을 대퇴사두근을 이용해 갑자기 뻗음으로써 발끝(사람에 해당한다)이 목표를 향해 급가속하면 넓적다리(보트에 해당한다)는 반대 방향의 힘을 받아 멈추고 만다. 발끝을 빠르게 날린 결과 무릎이 정지된 것이다.

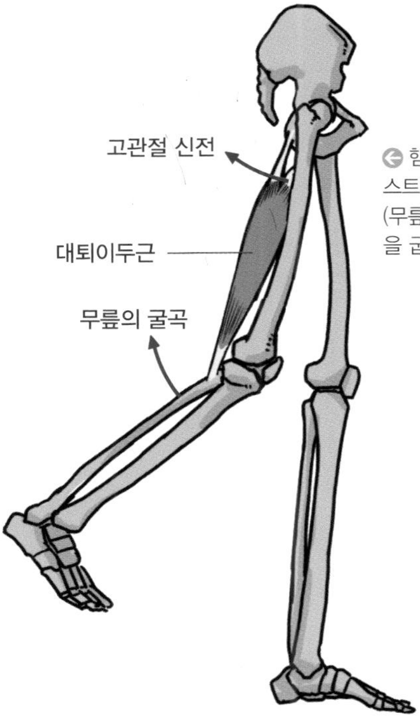

햄스트링(대퇴이두근은 햄스트링 중 하나)은 고관절 신전(무릎을 뒤로 움직인다)과 무릎을 굽히는 작용을 겸한다.

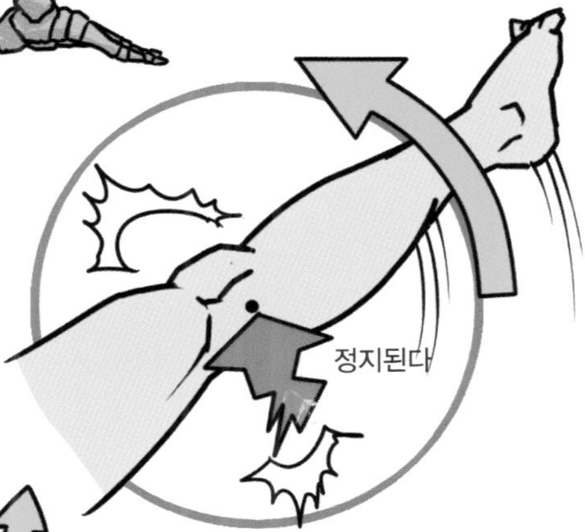

무릎부터 발끝을 급가속하면 반작용으로 무릎이 정지된다.

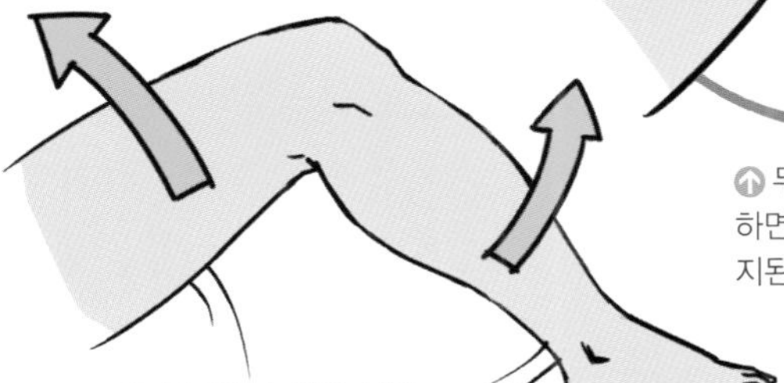

무릎의 스냅을 사용해 찰 때는 무릎을 굽히고 차기 시작한다.

Question

41

그렇다면 무릎을 급정지해 발끝을 가속시키는 발차기 기술은 없을까?

무에타이 하면 '돌려차기'가 유명한데, 500년 혹은 800년이나 되는 오랜 기간 동안 발차기 싸움을 계속한 만큼 역학적으로 올바른 발차기 방법이 발달했다. 그중 하나가 '한 번에 무릎과 정강이로 차는 기술'이다.

먼저 왼발 무릎차기를 상대의 좌측 보디에 맞힌다. 다만 무릎은 조금 편 상태다. 넓적다리와 허리를 중심으로 하는 동체의 운동량이 전달되어 상당한 충격력을 가한다. 그러나 무릎이 펴져 있기 때문에 종아리의 운동량은 거의 전달되지 않는다. 결과적으로 종아리는 일반적인 돌려차기처럼 보디를 향해 움직이면서 차는 발의 무릎이 자연스럽게 급정지하므로 종아리 끝이 급가속한다.

이때 무릎을 멈추기 위해 넓적다리를 끌어당기는 근육, 즉 무릎까지 굽혀 버리는 햄스트링을 전혀 사용하지 않는다. 그대로 무릎을 계속 펴면 무릎은 더 빠르게 펴진다. 이렇게 해서 고속이 된 종아리의 끝 부근으로 우측 보디를 가격한다. 상대가 최초의 좌측 보디에 대한 무릎차기를 팔꿈치로 블록하더라도 무릎이 급정지하는 것은 같다. 그 다음 순간에 무릎의 스냅을 살린 돌려차기가 우측 보디를 가격하는 것이다.

무릎차기를 예측한 상대는 팔꿈치 블록과는 별개로 좌측 보디에 의식을 집중해 충격에 대비하는데, 그 직후에 의식을 집중하지 않은 이른바 무방비 상태인 우측 보디에 돌려차기를 맞게 된다. 이것은 전혀 '예측하지 못했던' 발차기에 맞은 것과 마찬가지이기 때문에 실제 충격력 이상의 데미지를 준다. 무에타이를 '타격 계열 최강'으로 평가하는 목소리가 높은 것도 이렇게 오랜 역사 속에서 발전시킨 과학적 합리성을 겸비한 기술이 있기 때문이다.

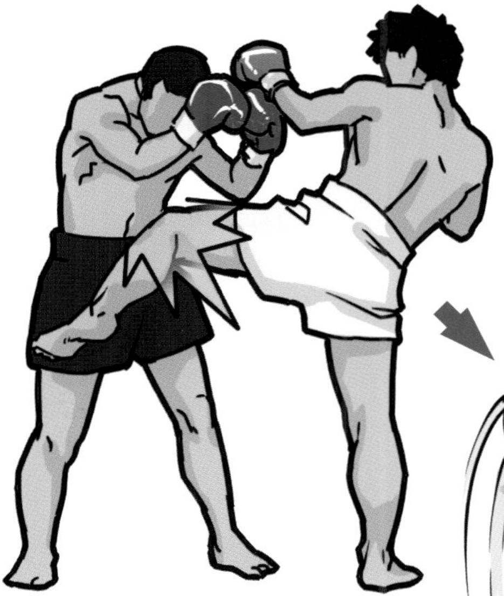

상대의 오른쪽 앞으로 발을 내딛고 왼쪽 무릎차기를 좌측 보디에 맞힌다. 단발로 차는 무릎차기와 달리 무릎은 뻗은 상태다.

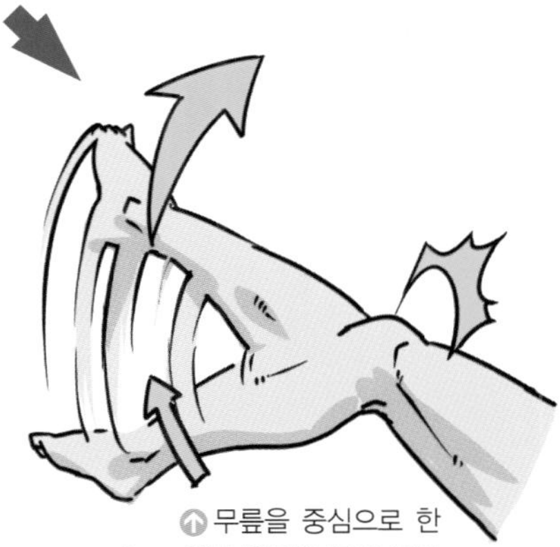

무릎을 중심으로 한 회전 운동을 통해 종아리 끝이 급가속한다.

무릎의 급정지로 종아리 끝이 급가속하는 것에 맞춰서 무릎의 스냅을 살려 우측 보디를 찬다.

제 4 장 잡기 · 던지기 · 관절기의 과학

Question
42
타격기는 한쪽 팔만 붙잡아도 저지할 수 있다?

권투나 K-1, 최초로 풀 콘택트 가라테 시합을 확산시킨 극진 가라테에서도 붙잡기나 밀기는 엄격하게 금지된다. 레슬링 행위는 물론이고 살짝 잡히기만 해도 타격기가 봉쇄되기 때문이다. 권투 글러브를 낀 손으로는 붙잡기가 어렵지만, 맨손이라면 간단히 잡을 수 있다.

가령 왼쪽 앞에 위치한 상대의 왼쪽 손목이나 소매를 잡았다고 가정하자. 그러면 상대는 레프트 펀치를 절대 날릴 수 없게 된다. 날릴 수 있는 펀치는 라이트 펀치뿐인데, **Q31**에서 설명했듯이 그러려면 상대는 오른쪽 어깨가 앞으로 나오도록 반시계 방향으로 몸을 회전시켜야 한다.

따라서 붙잡은 왼손을 상대의 몸이 시계 방향으로 회전하는 방향, 즉 **자신이 봤을 때 반시계 방향으로 잡아당기면** 회전을 방해할 수 있다. 상대의 왼손이 오른 주먹을 방해하는 위치로 잡아당기면 금상첨화다.

펀치를 날릴 수 없으니 왼발로 차려 한다고 가정하자. 차기를 할 때는 반드시 차는 발과 반대쪽 발로 서게 된다. 차는 발에 체중이 실린 채로는 발을 지면에서 들 수조차 없다. 앞발로 차려면 무게 중심을 뒤로 이동시켜 뒷발로 체중을 지탱해야 한다. 이 원리를 안다면 상대가 차려고 하는 순간 **붙잡은 왼손을 살짝 앞으로 끌어내리면 된다.** 그러면 무게 중심이 앞발에 걸려서 전혀 발차기를 할 수 없게 된다.

그래서 상대가 최후의 수단으로 오른 뒷발로 차려 한다고 가정하자. 이때 상대는 무게 중심을 앞으로 이동시켜 앞발로 서려고 한다. 따라서 붙잡은 왼손을 왼쪽 아래로 흔들어서 몸의 회전을 방해해도 저지할 수 있지만, **차는 것에 맞춰서 몸통 부딪치기를 하는 것도 효과적**이다. 타이밍이 맞으면 상대는 놀랄 만큼 허무하게 뒤로 날아간다.

⬆ 손을 붙잡고 이렇게 당기면 라이트 펀치를 날리기 위해 반시계 방향으로 회전할 수 없다.

⬅ 앞발(그림에서는 왼발)로 차려고 발을 드는 것을 앞쪽 아래 방향의 힘으로 방해한다.

➡ 뒷발(그림에서는 오른발) 차기를 막을 때는 라이트 펀치와 마찬가지로 손목을 왼쪽 아래로 당겨도 되지만 몸통 부딪치기도 효과적이다.

Question 43

타격기에 잡기를 도입하면 유리해질까?

단언컨대 유리해진다. Q42에서도 설명했듯이 상대를 잡아서 공격을 봉쇄할 수 있기 때문이다. 상대를 잡은 다음에 가하는 타격기는 충격력이 같더라도 상대가 맷집이 약한 상태가 되기 때문에 위력이 크게 높아진다. 일반적인 타격 계열 격투기의 공격 기술과 방어 기술은 잡기나 던지기가 없을 것을 전제로 고안되어 있다. 실제로 권투에서는 레슬링 선수 출신 도전자가 클린치 상황에서의 압도적인 강력함을 앞세워 챔피언을 고전시킨 사례가 있고, K-1에서는 무에타이 선수가 목씨름 태세에 들어가는 순간 강호 상태를 넘어뜨려 체력을 소진시켰다.※

어떤 타격기든 강하고 빠르게 치기 위해서는 온몸의 움직임이 필요하다. 그런데 던지기는 물론이고 잡기도 움직임을 방해하기 때문에 타격 자체를 못하거나 치더라도 위력이 크게 감소한다.

또한 붙잡힌 상대는 맷집이 약해진다. 방어에는 맷집과 방어 동작이 모두 필요하다. 맷집은 타격이 맞은 순간 그 부분에 힘을 집중해 충격력을 견딜 수 있게 한다. 보디 블로에 대해 복근을 조이는 등의 움직임이 그것이다. 다만 맷집을 강화할 수 있는 곳은 한 번에 한 군데, 그것도 단시간뿐이다. 온몸을 단단하게 만들면 움직일 수가 없기 때문이다.

여기에서 붙잡기의 이점이 발생한다. 공격을 당하는 쪽은 상대에게 붙잡혀 비틀거리는 순간 무의식적으로 균형을 회복하는 데 전력을 다하게 되는데, 그 사이에는 맷집을 강화하지도 방어 동작을 취하지도 못하게 된다. 내동댕이쳐지는 도중에는 더더욱 그렇다. 이렇게 무방비 상태가 된 몸은 그다지 강하지 않은 타격기도 견디지 못하게 된다.

※ 엄밀히는 반칙.

상대의 오른손을 붙잡고 뒤쪽으로 자세를 무너뜨리면서 후두부나 목을 수도 또는 철퇴(주먹의 새끼손가락 쪽)로 친다.

상대를 잡아당기면서 카운터와 같은 요령으로 옆구리를 지른다.

뒤에서 상대의 왼발에 체중을 싣고, 나아가 그 무릎을 짓누른다.

상대의 지르는 팔을 잡아당기면서 곧게 뻗은 무릎을 앞에서 짓눌러 꺾는다.

Question
44 덩치가 큰 사람에게 손목을 잡혀도 손을 옆으로 흔들면 상대의 뒤로 돌아갈 수 있다?

먼저 '토크'라는 역학 용어를 설명하겠다. 토크란 물체를 회전시키는 능력, 즉 회전력을 가리킨다. 회전에는 회전축이 있으며 그림과 같이,

토크 = 힘 × 회전 반지름

의 관계가 성립한다. 같은 힘이라도 회전 반지름이 클수록 토크가 커진다. 회전 반지름을 '지레의 팔'이라고도 한다.

간단한 실험을 해 보자. 두 명이 마주서서 오른팔을 뻗어 손바닥을 맞대고 서로 반시계 방향으로 민다. 서로 손바닥을 미는 힘은 작용 반작용의 법칙에 따라 같아진다. 다음에는 상대의 몸을 수나사, 상대의 팔을 스패너라고 상상하기 바란다. 회전축은 각 몸의 중심을 세로로 지나가는 축이다.

스패너가 길수록 회전 반지름이 커서 쉽게 돌릴 수 있듯이, 상대가 팔을 뻗고 있으면 몸째 돌리기가 수월해진다. 반대로 자신의 팔을 굽혀서 손바닥을 자신의 몸(엄밀히 말하면 회전축)과 가까워지도록 만들면 상대에게는 짧은 스패너가 되기 때문에 돌리기가 힘들어진다.

이 원리를 숙지하여 오른손목이 잡힌 순간 왼손으로 눈 찌르기 등을 해서 상대를 견제하며 다가가 상대의 손은 회전축으로부터 멀리 떨어뜨리고(상대는 눈 찌르기를 피하려고 몸을 젖히기 때문에 팔이 펴진다) 자신의 손은 회전축에 가깝게 접근시킨다.

이렇게 하면 체격 차이가 상당하더라도 오른손을 오른쪽 옆으로 휘두를 수가 있다. 그리고 이와 동시에 왼발을 대각선 왼쪽 앞으로 내디디면 상대의 뒤쪽으로 돌아 들어갈 수 있다. 손목을 잡은 상대가 앞뒤로 강하게 밀거나 당길 경우는 버티려 하지 말고 몸째 이동하면서 빈틈을 살피다 눈 찌르기 등을 시작으로 반격하면 된다.

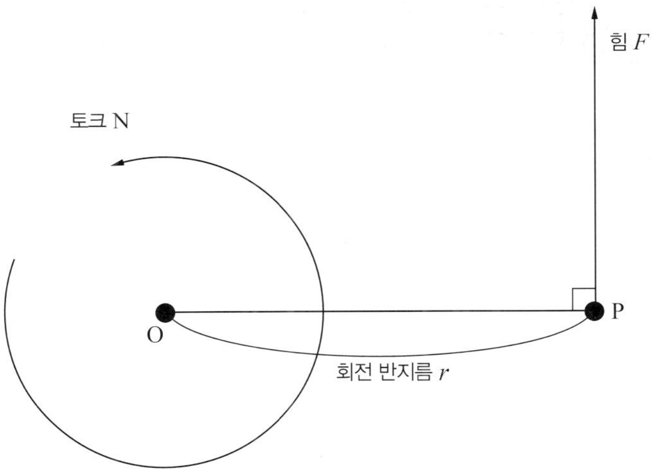

O는 회전축, P는 힘의 작용점

토크 N = 힘 $F \times$ 회전 반지름 r
이 그림의 힘의 방향(OP와 수직)일 때 토크가 가장 커진다.

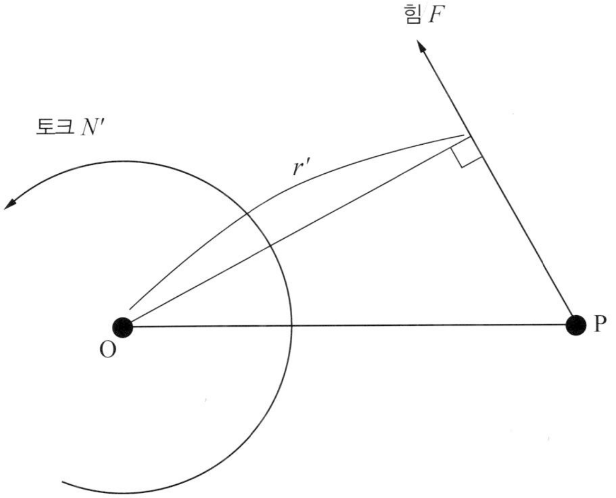

토크 N' = 힘 $F \times$ 회전 반지름 r'
토크 N'는 토크 N보다 작다. 같은 크기의 힘 F를 같은 점 P에 작용시켜도 힘의 방향에 따라 토크가 변한다.

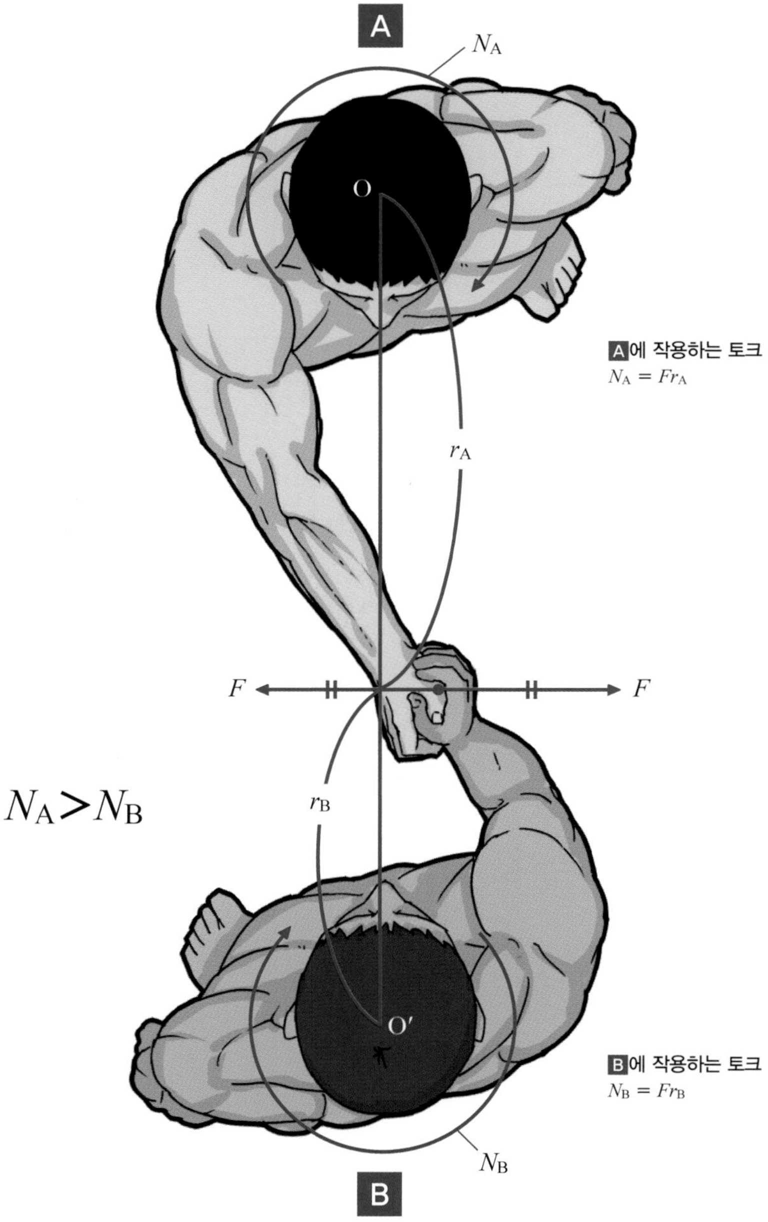

서로 손을 뻗어서 밀면 힘 F의 크기가 같아지므로 팔이 짧은 B($r_B < r_A$)가 큰 토크 N_A($> N_B$)를 상대에게 걸 수 있어 유리하다.

A

상대에게 손목을 잡혔다면……

B

발을 내디뎌 상대의 팔만 곧게 뻗은 상태를 만든다. 이렇게 하면 절대 옆으로는 휘둘리지 않는다.

C

목을 수도로 가격하는 등 반격도 할 수 있다.

Question

45

관절기를 걸려고 해도 상대가 버티면 손을 놓치는 등 좀처럼 성공하지 못한다

관절기에 대해서는 Q52, Q53, Q58에서 설명하는데, 초보자는 손의 움직임을 지나치게 의식한 나머지 손으로만 기술을 걸려고 하는 경향이 있다. 그러나 기술은 몸 전체로 거는 것이며, 어떤 기술이든 몸놀림이 필요하다. 상대가 버티는 것은 상대의 자세가 무너지지 않았기 때문이며, 손을 놓치는 이유는 손의 힘이 부족해서가 아니라 손의 힘에만 의지하기 때문이다.

Q52에서 소매 감아 뒤집기를 거는 숙련자의 삽화를 보기 바란다. 온몸이 크게 움직이며, 팔의 움직임은 동체에 비해 상대적으로 작다. 손의 힘은 이렇게 할 때 더 커진다. 또한 이 움직임에 상대의 자세가 무너진다. 사람은 제대로 서 있을 때 외부에 힘을 발휘할 수 있는데, 균형이 무너지면 균형을 회복하는 데 집중하기 때문에 버티는 등 다른 움직임을 거의 하지 못한다.

117쪽 삽화는 오른손으로 옷깃을 잡혔을 때의 한손 비틀어 쓰러뜨리기다. 상대가 가슴을 누르는데 그대로 기술을 걸려고 하면 힘에 밀려 자신이 균형을 잃을 뿐이다. 때로는 이쪽이 먼저 가슴으로 밀자. 그리고 상대가 밀리지 않으려고 되미는 타이밍에 맞춰 상대의 손을 잡아당기면서 몸을 오른쪽으로 비튼다. 이윽고 상대는 균형이 무너져 버티지 못하게 된다. 상대의 팔이 곧게 펴진 이 자세는 S자 형태로 제압할 절호의 기회다(Q53 참조).

몸놀림은 모든 기술에 필요하다. 양발의 위치가 같더라도 허리를 유연하게 움직일 수 있으면 상체는 상당히 자유롭게 움직인다. 혹은 잔 스텝을 섞으면 몸놀림을 크게 할 수 있다.

손의 힘에 의지하지 말고 몸놀림으로 상대의 균형을 무너뜨리면 작은 힘으로도 효과적으로 관절기를 걸 수 있다.

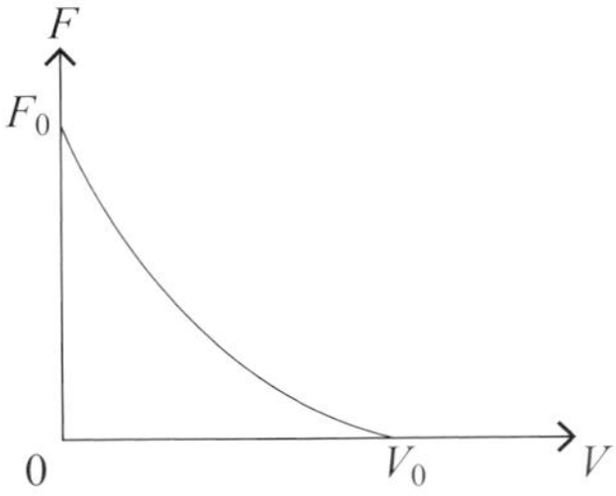

F: 손으로 상대에게 가하는 힘
V: 손만을 움직이는 속도
속도 V가 클수록 작은 F만이 나온다. 손은 움직이지 않고($V = 0$) 큰 힘 F_0을 가하면서 몸놀림을 이용하는 것이 이상적이다.

↑ 무게 중심을 이동시키거나 몸을 비트는 등 몸놀림으로 상대의 자세를 무너뜨리면서 한손 비틀어 쓰러뜨리기를 건다.

Question 46

팔가로누워꺾기(암바)에 일단 제대로 걸리면 왜 빠져나올 수 없을까?

팔가로누워꺾기(암바)는 팔꿈치를 한계까지 펴는 기술로, 일단 제대로 걸리면 팔꿈치 관절이 손상되기 때문에 항복하는 수밖에 없다. 이 기술에 대항하는 힘은 팔꿈치를 굽히는 힘인데, 그 힘(정확히는 토크 = 회전력)은,

토크 = 근육의 수축력 F × 지레의 팔 l

로 결정된다. 그림에서 지레의 팔은 관절 각도가 90도 정도일 때 최대이며 180도 가까이 펴지면 매우 작아진다. 즉, 일단 팔꿈치가 펴지면 다시 굽힐 만큼의 토크가 나오지 않는 것이다.

기술을 거는 쪽은 상대가 팔꿈치를 굽힐 수 있을 만큼의 토크를 내지 못하도록 궁리한다. 그 궁리 중 하나는 상대의 전완을 엄지손가락 쪽이 위를 향하도록 안쪽으로 비트는 것이다. 팔꿈치를 굽히는 근육은 상완이두근과 상완근, 완요골근의 세 가지다.※

가장 강력한 것은 알통을 만드는 상완이두근인데, 이 근육은 알통을 만들 때처럼 엄지손가락이 바깥쪽을 향할 때 힘을 내기가 수월하므로 안쪽으로 비틀면 힘을 잘 내지 못하게 된다. 덤벨 컬에서 엄지손가락을 위로 향하는 해머 컬을 할 때는 힘이 잘 나지 않는 이유가 여기에 있다.

또 상대의 팔꿈치를 펼 때는 팔의 힘에만 의존하지 말고 배근을 이용해 몸 전체를 뒤로 쓰러뜨린다. 또한 받침점이 되는 상대의 팔꿈치의 위치가 불안정해서는 성공할 수 없다. 상완이 좌우로 움직이지 않도록 넓적다리 사이에 확실히 끼우고, 상완의 밑동인 어깨 관절도 움직이지 않도록 양발로 얼굴과 가슴을 누른다. 이렇게 하면 팔꿈치의 위치가 확정되어 기술을 걸기가 수월해진다. 그래도 빠져나가려고 하는 상대에게는 받침점인 팔꿈치를 지탱하는 허리를 들어 올리면 효과적이다.

팔꿈치를 굽히는 토크가 발생하는 원리

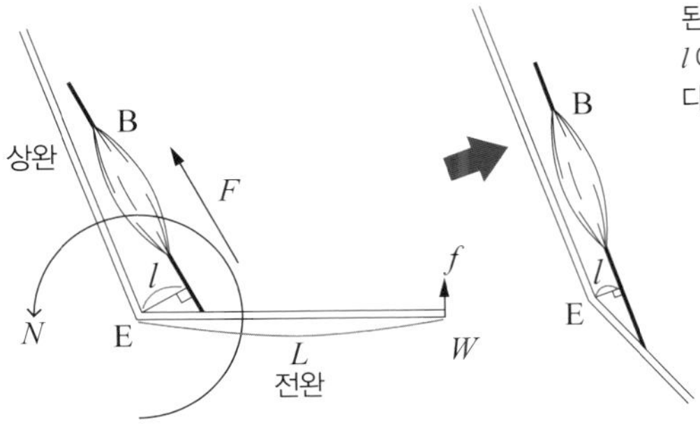

팔꿈치를 굽히는 토크는 $N = Fl$이 된다. 팔꿈치가 펴지면 지레의 팔 l이 작아져 토크 N이 작아지므로 다시 굽힐 수가 없게 된다.

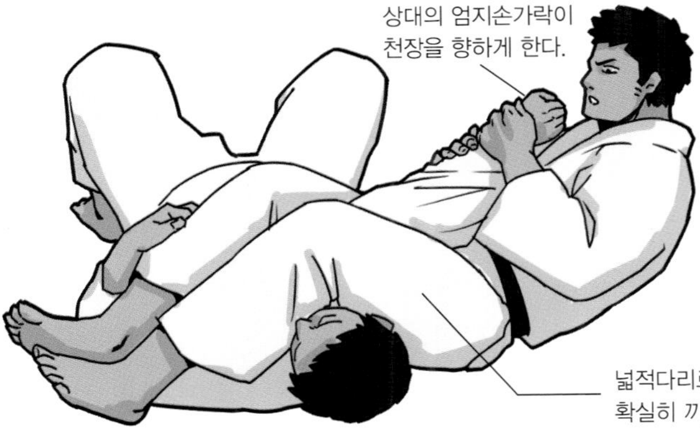

⬅ 팔꿈치를 굽히는 강력한 상완이두근이 작용하기 어렵도록 상대의 엄지손가락이 위를 향하게 한다.

➡ 힘을 내기 쉬운 일반적인 덤벨 컬(왼쪽), 힘을 내기 어려운 해머 컬(오른쪽)

※ 그 밖에 보조적으로 움직이는 원회내근 등이 있다.

Question 47

던지기 기술의 원리는?

'던지기'라고는 하지만 그렇다고 사람을 공처럼 '던질' 수는 없다. 무거운 물체를 대표하는 포환조차도 무게는 고작 7.26 kg으로 체중의 약 10분의 1에 불과하다. 포환보다 열 배나 무거운 사람을 '던지는' 것은 힘의 측면에서 불가능하다.

여기서 '던진다'의 의미는 '쓰러뜨린다', 즉 상대의 균형을 무너뜨려 그대로 지면에 떨어뜨리는 것이다. 또한 상대가 배부터 떨어져서는 효과가 없다. 등부터 닿도록 상대의 몸을 회전시키면서 떨어뜨리는 것이 기본이다.

유도의 던지기 기술에는 몇 가지 방식이 있는데, 역학적으로는 '상대의 몸의 두 곳(이상)에 역방향의 힘을 걸어서 회전시키면서 떨어뜨린다.'는 공통점이 있다.

대표적인 기술을 살펴보자.

나오는 발 차기는 상대가 내디딘 발이 착지하는 순간 그림의 안쪽을 향해 발을 후리고, 손은 그림의 바깥쪽으로 힘을 준다. 이렇게 하면 상대의 몸은 옆으로 어깨부터 떨어진다(그림의 x축을 중심으로 한 회전). 상대의 후리는 쪽 발이 앞으로 나와 있고 오른손은 밀면서 왼손은 당기면, 상대는 y축을 중심으로도 회전하며 등부터 떨어진다.

업어치기는 상대의 허리를 자신의 허리로 들어 올리고 양손으로 상반신에 아래 방향의 힘을 가해 앞 방향으로 회전시키면서 떨어뜨린다(z축을 중심으로 한 회전). 형태는 전혀 다르지만 배대되치기도 상대에게 거는 힘이나 상대가 쓰러지는 방식이 업어치기와 거의 같다.

밭다리후리기는 무릎과 상반신에 반대 방향의 힘을 가해 몸을 x축 중심으로 회전시키는데, 오른손으로 밀고 왼손으로 당겨서 y축 중심의 회전도 조절하며 상대를 등부터 떨어뜨린다.

나오는 발 차기

상대를 y축 중심의 회전, x축 중심의 회전으로 쓰러뜨린다.

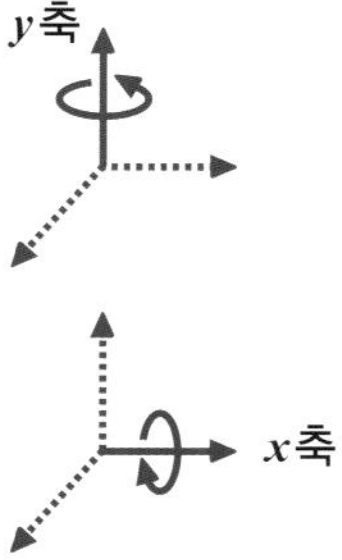

업어치기

상대를 z축 중심의 회전으로 쓰러뜨린다. 형태는 크게 다르지만 배대되치기도 업어치기와 같은 힘을 상대에게 가한다.

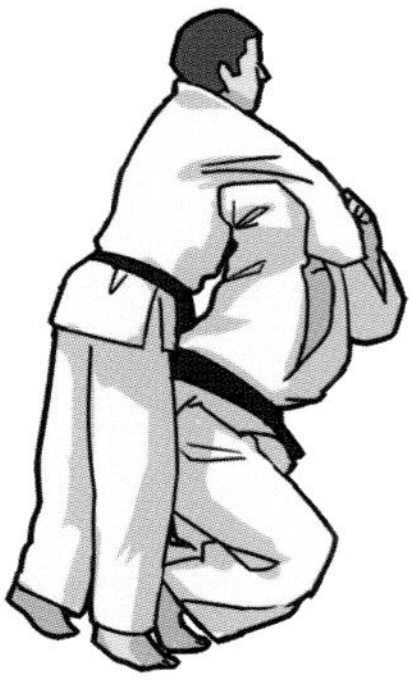

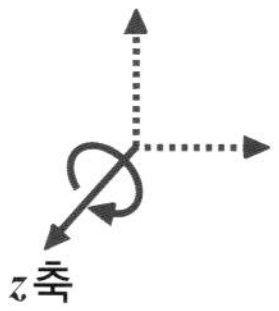

밭다리후리기

상대의 오른 무릎을 그림의 안쪽 방향으로 후리고, 오른손으로 종이 면 바깥쪽 방향의 힘을 가하면서 왼손으로 잡아당김으로써 x축과 y축을 중심으로 회전시킨다. 이때 등부터 떨어뜨리도록 힘의 방향을 조절한다.

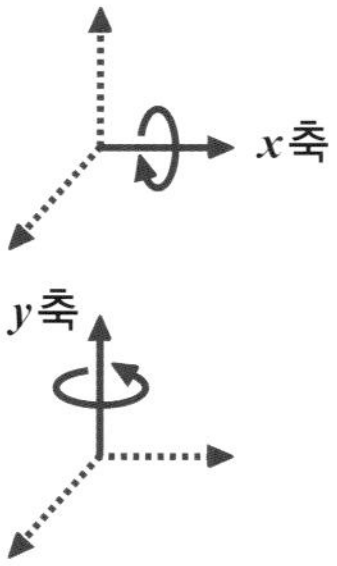

Question
48

밭다리후리기를 걸었다가 오히려 밭다리후리기를 당했다. 그 이유는?

'중심 무너뜨리기'가 불충분했을 경우와 후리는 발의 힘에만 의존해 힘이 부족했을 경우, 이 두 가지 가능성을 생각할 수 있다.

Q47의 밭다리후리기 삽화를 다시 한 번 보기 바란다. 상대는 이쪽의 당기기에 균형이 완전히 무너져 오른발만으로 간신히 서 있는 상태다. 그 모든 체중이 걸린 오른발을 후리니까 쓰러지는 것이다. 던지기에 들어가기 전에 상대를 불안정하게 만드는 것을 '중심 무너뜨리기'라고 하며, 이는 기술을 성공시키기 위한 필요조건이다.

중심 무너뜨리기가 불충분한 상태에서 밭다리후리기에 들어갔다고 하자. 왼발로 몸을 지탱하면서 오른발을 상대의 뒤쪽으로 뻗는 불안정한 상태가 될 것이다. 한편 상대는 두 발로 안정되게 서 있으므로 기술이 걸릴 리가 없다. 그 상태에서 상대가 당기면 간단히 오른쪽으로 자세가 무너지며, 뻗은 오른발에 체중이 걸릴 때 반대로 밭다리후리기에 쓰러질 것이다.

중심 무너뜨리기에 그럭저럭 성공했더라도 상대의 발을 '오른발만으로 후리면' 힘이 부족해 상대가 버틸 때가 있다. 축발로 확실히 지탱하고 오른발부터 상체까지 하나의 봉이 된 듯한 감각으로 상채째 몸을 앞으로 쓰러뜨리면서 후린다. 이렇게 하면 축발에서도 강한 힘과 파워가 나올 뿐만 아니라 손의 힘도 자연스럽게 커진다. 이 감각은 나오는 발 차기에서 발을 후릴 때도 마찬가지다.

업어치기를 할 때도 상대를 앞으로 기울여 중심을 무너뜨리고 재빨리 발을 내디뎌 상대의 밑으로 들어가는 자세가 되어야 한다. 중심을 무너뜨리지 않고 기술을 걸거나 상대의 밑으로 재빠르게 들어가지 못하거나 발을 내딛는 거리가 불충분하면 상대가 다시 일어나 뒤에서 목을 조를 수도 있고 자세에 따라서는 몸 전체를 들어 누우면서 던지기를 할 수도 있다.

중심 무너뜨리기가 불충분한 상태에서 업어치기에 들어가면 안아조르기 등으로 목을 졸릴 수 있다.

중심 무너뜨리기나 내딛기가 불충분한 상태에서 상대를 등지는 기술을 걸려고 하면 누우면서 던지기로 반격당한다.

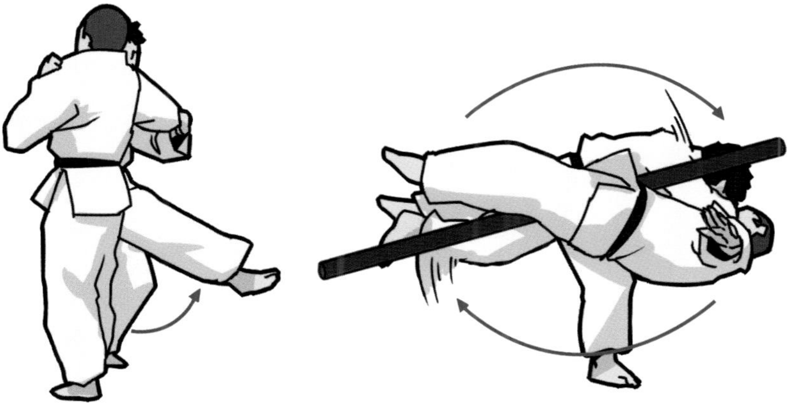

발과 상체를 하나의 봉처럼 만들면 출발 힘이 충분히 발휘되어 강력한 밭다리후리기나 나오는 발 차기를 걸 수 있다.

Question 49

유도의 기술에 대항하려면 어떻게 해야 할까?

딱딱한 콘크리트 바닥 위에서 유도의 던지기 기술은 그 어떤 기술보다 위험하다고 해도 과언이 아니다. 옷을 잡은 순간 자세를 무너뜨리고 놀랄 만큼 빠르게 발을 내디디며 상대를 던진다. 또한 쓰러뜨린 뒤에도 각종 조르기 기술이나 팔꿈치를 꺾는 팔가로누워꺾기 등의 기술이 이어진다. 유도 선수는 일반적으로 다부진 체형에 힘도 세며 맷집도 강하기 때문에 절대 얕볼 수 없는 강적이다.

모든 격투기가 마찬가지이지만, 최선의 대응책은 약점을 찌르는, 즉 상대가 익숙하지 않은 기술을 사용하거나 그 격투기 경기에서 반칙으로 간주하는 행위를 하는 것이다.

유도는 먼저 상대를 붙잡으려고 한다. 그러므로 그 거리에 들어가기 전에 타격기로 공격한다. 체격 차이가 적은 상대라면 일반적인 펀치나 킥으로 충분하지만, 지르는 팔이나 차는 발을 잡히지 않도록 주의해야 한다. 몸집이 크고 강인한 적이라면 일반적인 타격기에 얻어맞더라도 굴하지 않고 다가와서 접근전을 펼칠지도 모른다. 그런 상대에게는 눈, 귀, 고환, 목 등 단련하기 어려운 부분을 공격한다. 옷을 잡혔다면 관절기로 손목을 공격한다. 유도에서는 손목 공격이 반칙이어서 당해 본 경험이 별로 없을지도 모르기 때문에 의외로 효과적일 수 있다. 다만 기술을 걸 수 있는 타이밍은 잡힌 순간뿐이다. 물론 팔꿈치치기나 박치기, 발등 밟기 등을 섞어서 상대가 던지려고 들어오기까지의 시간을 버는 것도 좋은 방법이다.

타격기밖에 모른다면 던져진다는 두려움에 공황 상태에 빠져 몸이 움츠려들지 모른다. 던지기 기술이나 굳히기 기술이 있는 격투기(스모, 레슬링, 아이키도, 소림사 권법, 중국 권법 등)를 알고 있으면 두려움을 느끼지 않고 차분하게 대항할 수 있을 것이다.

⬇ 서로 맞잡았을 때 무릎을 짓밟는다.
발등을 발뒤꿈치로 짓밟아도 좋다.

⬆ 상대가 잡으러 들어오는 타이밍에 맞춰 펀치를 날린다.

Question
50
미후네 규조 10단의 공기 던지기라는 신기한 기술은 어떤 기술?

현재 '모로떨어뜨리기'라고 부르는 '공기 던지기'는 큰 대회에서도 종종 볼 수 있는데, 미후네 10단이 개발했다고 알려져 있다. **Q47**에서 설명했듯이 유도의 던지기 기술은 상대를 들어 올리거나 발을 후려서 몸을 회전시키면서 떨어뜨린다. 공기 던지기는 양손만을 사용해서 던지기 때문에 언뜻 신기해 보이지만, '상대의 두 곳에 거의 역방향의 힘을 가한다.'라는 던지기 기술에 공통되는 원리를 교묘히 응용한 기술이다.

왼발을 상대의 바깥쪽으로 내디디면서 옷깃을 잡은 오른손으로 상대를 오른쪽 뒤(방향은 전부 상대의 시점)로 밀어 올리면서 왼손을 수직으로 끌어내린다. 이렇게 하면 상대는 오른쪽 뒤로 기울면서 오른발에 모든 체중이 걸린다. 이어서 몸놀림과 함께 오른손을 밀어 올리면서 왼손을 끌어내리면 상대는 회전하면서 오른쪽 뒤로 날아간다.

상대를 오른쪽 뒤로 무너뜨려 오른발로 모든 체중을 지탱하도록 만들기까지가 하나의 포인트다. 공방 속에서 상대가 오른발을 뒤로 뺀 순간을 노려서 상대의 움직임을 이용해도 좋을 것이다.

또 한 가지 포인트는 절대 팔만으로 던지려 하지 않는 것이다. '몸놀림으로 던진다.'는 말은 두 발과 체간에서 큰 힘을 내고 그것을 팔에 전달한다는 의미다. 팔 자체의 힘으로는 전해진 힘의 방향을 조절하는 것이 더 중요하다.

일반적으로 상대를 밀거나 당길 때 팔의 힘에만 의지해서는 안 된다. 파워가 근육의 양에 비례한다고 생각하면 팔만으로는 파워가 크게 부족하다. 당길 때는 등으로 당긴다, 밀 때는 허리로 민다고 생각하는 편이 좋을 것이다. 특히 공기 던지기는 몸놀림으로 던지는 고도의 기술이 필요한데, 그렇기 때문에 멋지게 보이는 것이리라.

2000년 시드니 올림픽 유도 남자 60 kg 이하급 결승전에서 노무라 다다히로 선수가 한국의 정부경 선수에게 성공시킨 것으로 유명하다.

Question
51

인형이나 조각은 금방 쓰러지는데 왜 인간은 밀거나 당겨도 쓰러지지 않을까?

두 발로 서는 인간은 본질적으로 불안정하다. '쓰러지면 패배'라는 규칙의 스모에서 최강자인 요코즈나 하쿠호조차도 조각처럼 온몸이 딱딱하다면 손가락 하나로도 쓰러뜨릴 수 있다. 인간이 간단히 쓰러지지 않는 이유는 항상 균형을 잡고 있기 때문이다. 이 균형을 잡는 방식은 정적인 균형과 동적인 균형으로 나눠서 생각할 수 있다.

정적인 균형은 몸의 각 부분의 움직임이 느릿해서 정적인 상태와 똑같이 생각해도 무방한 경우다. 두 발로 설 경우, 몸의 무게 중심은 반드시 두 발이 만드는 지지면 위에 있어야 한다.

앞에서 밀렸을 때는 무게 중심이 지지면의 뒤쪽으로 나가지 않도록 자세를 바꾼다. 밀리는 힘이 강할 때는 일반적인 무게 중심의 위치라면 조각과 마찬가지로 밀려서 쓰러지므로 무의식중에 무게 중심을 지지면보다 앞으로 옮겨서 미는 힘에 대항한다.

그 자세에서 강하게 밀던 힘이 갑자기 사라지면 무게 중심이 지지면보다 앞에 있기 때문에 물론 앞으로 쓰러진다. 그럴 때는 보통 한쪽 발을 앞으로 내디뎌서 지지면이 무게 중심의 밑에 오도록 조정한다. 사실은 가장 기본적인 동작인 '보행'도 한쪽 발로 서서 전방으로 '쓰러지는' 다른 쪽 발을 내디딘다. 이것이 동적 균형이다.

두 발의 위치를 바꾸지 않고도 두 팔을 수영의 접영을 하듯이 앞으로 돌리거나 허리를 빼면 무게 중심을 원래의 지지면 위로 되돌릴 수 있다. 역학적 설명은 조금 복잡하므로 생략하지만, 이것도 동적 균형이다.

인간은 무의식중에 정적 · 동적 균형을 잡고 있기에 쓰러지지 않고 움직일 수 있다. 그리고 그 틈을 파고드는 것이 던지기 기술이다.

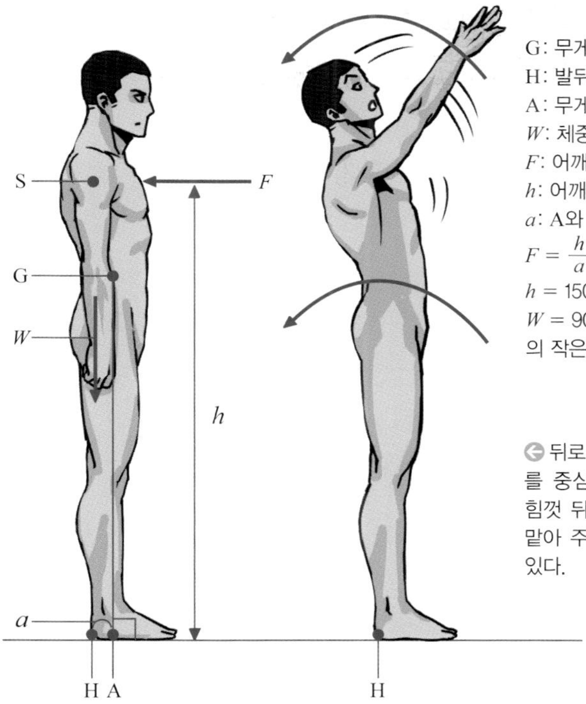

G: 무게 중심
H: 발뒤꿈치
A: 무게 중심 G의 바로 밑의 점
W: 체중
F: 어깨 S를 수평으로 미는 힘
h: 어깨 S의 높이
a: A와 H의 수평 거리
$F = \frac{h}{a} \cdot W$의 힘으로 뒤로 쓰러진다.
$h = 150$ cm, $a = 10$ cm,
$W = 90$ kg일 때 $F = 6$ kgw
의 작은 힘으로 충분하다.

뒤로 쓰러지는 것은 발뒤꿈치 H를 중심으로 한 회전인데, 두 팔을 힘껏 뒤로 돌리면 회전의 기세를 떠맡아 주기 때문에 쓰러지지 않을 수 있다.

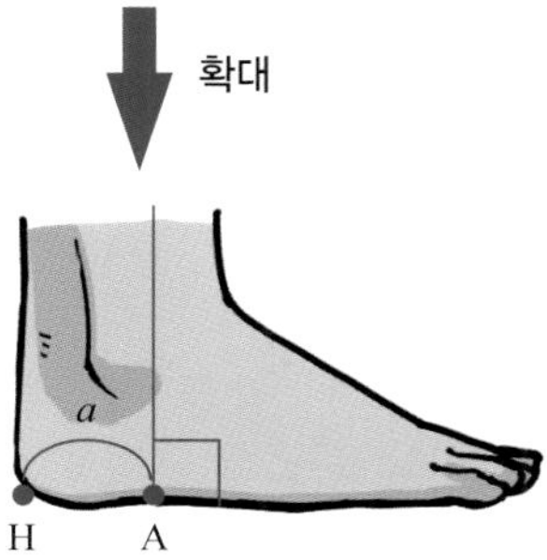

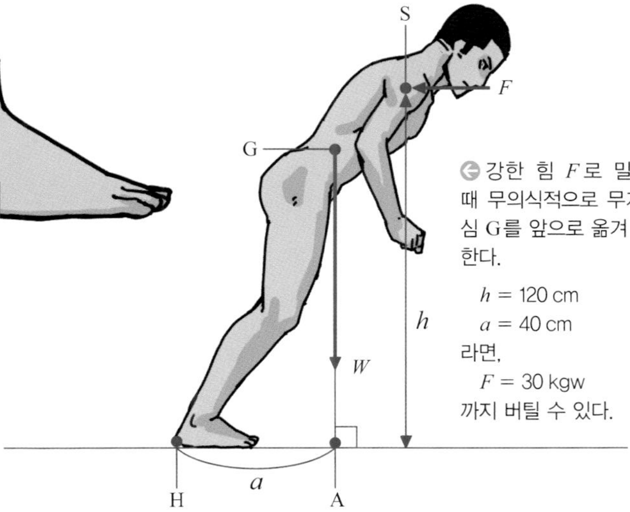

강한 힘 F로 밀렸을 때 무의식적으로 무게 중심 G를 앞으로 옮겨 대항한다.
$h = 120$ cm
$a = 40$ cm
라면,
$F = 30$ kgw
까지 버틸 수 있다.

Question 52

손목을 제압하기만 해도 어떻게 던질 수 있는 것일까?

현대 유도에서는 팔가로누워꺾기 등의 기술로 팔꿈치를 공격하는 것은 허용하지만 손목을 공격하는 것은 반칙으로 간주한다. 손목을 공격하는 격투기로는 고류(古流) 유술, 아이키도, 소림사 권법, 중국 권법 등이 있다.

손목은 두 방향으로 구부릴 수 있을 뿐만 아니라 비틀 수도 있다. 엄지손가락이 안쪽으로 움직이도록 비트는 것을 '회내(回內)', 그 반대 방향으로 비트는 것을 '회외(回外)'라고 한다. 비트는 움직임은 손목 관절의 움직임이라기보다 두 뼈(척골과 요골)로 구성된 전완의 구조에서 만들어지는 움직임이다. 전완의 새끼손가락 쪽에 있는 척골은 팔꿈치 관절을 통해 상완골과 연결되어 있으며, 비트는 움직임은 불가능하다. 엄지손가락 쪽에 있는 요골이 척골 주위를 회전하면서 움직임으로써 전완 전체를 비틀 수 있다.

동전을 올려놓을 때처럼 손바닥을 위로 향할 때, 전완은 거의 한계까지 회외하며, 같은 자세에서 손바닥을 아래로 향할 때 한계까지 회내한다. 다음은 이것을 응용한 구체적인 기술이다. 상대가 손목(소매)을 밑에서 붙잡았다면 상대의 손은 이미 한계까지 회외한 상태다. 이것을 더욱 회외하는 방향으로 비틀면(손목을 제압한다) 손목에서 전완에 격심한 통증이 온다. 이때 손목을 비트는 근육은 팔꿈치와도 연결되어 있기 때문에 팔꿈치도 제압된다. 손목과 팔꿈치가 제압되면 상대는 상완을 움직일 수 없게 된다. 움직이다가는 손목과 팔꿈치가 더욱 비틀리기 때문이다.

이렇게 해서 제압당한 팔은 어깨를 통해 경직된 채 동체로 이어져 있다. 그래서 균형을 무너뜨리는 방향으로 손목을 조작하면 그 힘이 그대로 가슴에서 동체로 전달되어 상대를 쓰러뜨릴 수 있는 것이다. 균형을 회복하려고 움직이면 더더욱 관절이 심하게 비틀어져 격통을 느끼므로 상대는 쓰러지는 수밖에 없다.

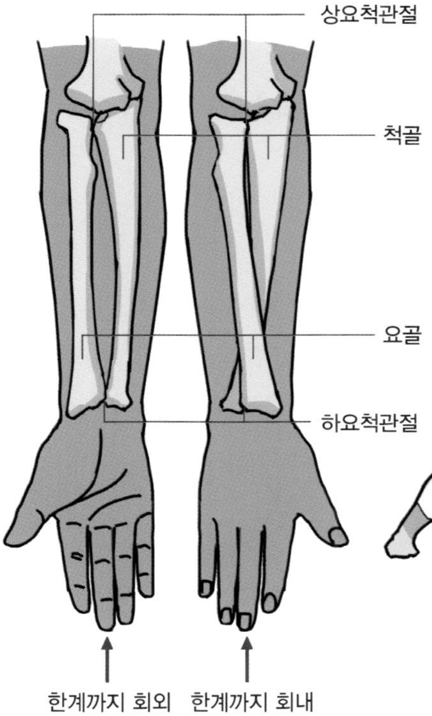

← 팔꿈치 관절을 통해 상완골과 연결되어 있는 척골의 주위를 요골이 뒤틀리면서 돈다.

1 밑에서 소매를 붙잡은 상대(왼쪽)의 손은 거의 한계까지 회외한 상태다.

2 상대의 왼손바닥을 눌러서 자신의 오른손목 부근에 고정시킨다.

3 그 상태에서 한계 이상으로 회외시키듯이 비틀면 상대는 쓰러지는 수밖에 없다. 이것은 '소매 감아 뒤집기'라고 부르는 기술이다.

Question

53

손목을 제압하는 방법을 좀 더 구체적으로 설명하면?

여기서는 주로 소림사 권법의 기술을 예로 들어 설명하겠다. 어떤 기술이든 세세한 노하우가 있지만, 제압의 원리를 알면 실제로 배울 때 빠르게 숙달될 것이다.

제일 먼저 소개할 기술은 '역소수(逆小手)'다. 상대가 오른손으로 이쪽의 오른손을 안쪽에서 붙잡았을 때 손목을 중심으로 전완을 회전시켜 빼면서 동시에 왼손바닥을 상대의 손등에 밀착시켜 전완을 회외, 상완을 외선시키면서 팔을 눌러 쓰러뜨린다.

다음에 소개할 기술은 '한손 비틀어 쓰러뜨리기'라고 해서 가슴을 붙잡고 밀어붙이는 상대의 전완을 회내시켜 제압하는 기술이다. **제압했을 때 팔의 형태가 S자**가 되는 특징이 있다. 상대의 손목은 안쪽(손바닥 쪽)으로 꺾인다. 이 상태에서 상대가 버티더라도 상대의 손바닥을 새끼손가락 쪽으로 굽히거나 팔꿈치를 아래 방향으로 움직이면 전완이 더욱 회내해 통증이 격심해지기 때문에 상대는 웅크리듯이 앞으로 쓰러질 수밖에 없다.

전완을 회내시킨다는 점은 같지만 팔의 형태가 S자가 되지 않는 기술도 있다. 상대의 왼손목을 공격할 경우 상대의 손목을 똑바로 젖히듯이 누르지 말고 자신이 봤을 때 반시계 방향으로 돌리며 나선형으로 누른다. 특히 상대의 새끼손가락에 힘을 가하면 상대는 새끼손가락 쪽에 격심한 통증을 느끼며, 그 결과 한손 비틀어 쓰러뜨리기와 똑같이 앞으로 쓰러진다.

쓰러진 상대를 엎드린 상태로 꼼짝 못하게 만드는 '뒤누르기'라는 기술이 있는데, 이것도 상대의 팔꿈치를 펴고 손목을 안쪽으로 구부린 손바닥을 전완이 회내하는 방향으로 비틀어서 움직이지 못하게 한다.

아이키도나 중국 권법의 역술기도 표면적인 기술의 형태는 다르지만 손목을 공격하는 원리는 거의 같다.

↑ '역소수'로 손목을 한계까지 회외시키면 상대(오른쪽)는 종이 면 안쪽으로 쓰러진다.

↑ '한손 비틀어 쓰러뜨리기'는 상대의 팔이 'S자' 형태가 되도록 공격한다.

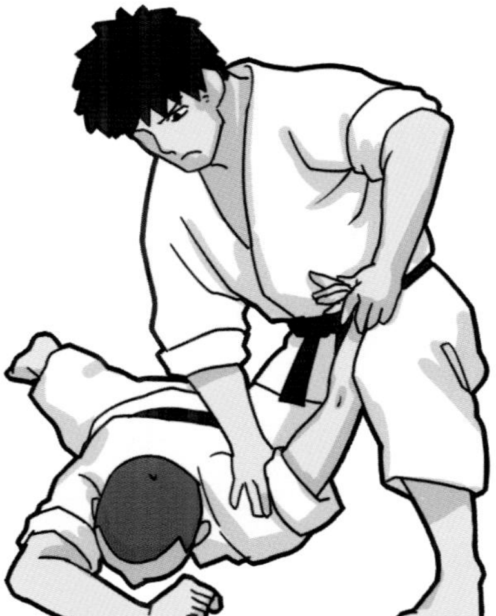

↑ '뒤누르기'는 엎어뜨린 상대의 손목을 한계까지 회내시켜 움직이지 못하게 한다.

Question

54

목조르기는 왜 무서운 기술일까?

목을 조르는 것에는 생리학적으로 두 가지 의미가 있다.

① 기관(氣管)을 압박해서 폐로 공기가 유입되는 것을 방해한다.

② 경동맥을 압박해서 뇌로 혈액이 공급되는 것을 막는다.

①의 결과로 몸에 들어오는 산소의 양이 줄어들어 뇌를 포함한 온몸이 산소 부족으로 기능 저하를 일으킨다. 마라톤 등 장시간 지속하는 운동의 경우는 몸속에 섭취할 수 있는 산소의 양이 달리는 속도나 파워를 결정한다. 격투기 시합의 경우, 선수는 라운드 중은 물론이고 휴식 시간에도 거칠게 호흡하며 산소를 섭취한다. 완전한 형태가 아니더라도 목조르기가 오래 계속되면 점차 산소가 부족해져 움직이지 못하게 된다.

또한 ②는 뇌로 산소와 영양소(포도당)이 공급되는 것을 막는다. 성인의 뇌의 무게는 대략 전체 체중의 50분의 1, 즉 약 1.3 kg에 불과하지만 안정 상태에서 전체 산소 소비량의 약 20%를 차지한다. 뇌는 작지만 많은 양의 산소를 소비하며, 그 산소로 포도당을 '태워서' 기능을 유지하는 데 필요한 에너지를 얻는다.

운동 중에는 뇌로 향하는 동맥혈에 들어 있는 산소의 양이 안정 상태일 때의 약 80%까지 떨어지며, 포도당은 60% 이하로 떨어진다. 시합 중에는 혈액 속의 산소와 포도당이 줄어드는 만큼 안정 상태일 때보다 더 많은 혈액이 공급되어야 하는데 목조르기를 당하면 혈액 공급이 차단된다.

목조르기가 제대로 들어가면 상대가 기력으로 버티더라도 그 기력(뇌의 활동)과 함께 의식이 희박해지며, 방치했다가는 죽음에 이르고 만다. 심판이 빠르게 경기를 중단시키고 승패를 선언하는 것은 선수의 안전을 위해서다.

←뒤에서 거는 삼각조르기. 한쪽 발을 목에 감고 다른 쪽 발을 사용해 조른다.

↓슬리퍼홀드 (맨손조르기). 경동맥을 전완과 상완 사이에 끼우듯이 조른다.

→죽지걸어조르기. 상대의 옷깃을 잡고 조른다.

제 5 장 방어의 과학

Question

55 고환을 노린 앞차기는 어떻게 방어해야 할까?

K-1 등 스포츠 격투기는 고환 공격을 금지한다. 허벅다리를 노린 로 킥(인 로)이 빗나가서 고간에 맞으면 낭심 보호대가 있더라도 큰 데미지를 받으며, 때로는 시합이 중단되기도 한다. 예외적으로 실전에 가까운 시합을 지향하는 가라테 유파 다이도주쿠의 구도(空道) 대회에서는 체격 차이가 큰 선수 간의 시합에서 고환 공격을 인정한다. 물론 실전에서는 무엇보다도 고환 공격을 방어해야 한다.

무릎의 스냅을 이용해 날카롭게 고환을 올려 차는 앞차기는 특히 방어하기가 어려운데, 다음과 같은 세 가지 주된 방어법이 있다.

① 정강이부터 무릎으로 상대의 차는 발의 정강이를 쳐낸다.

② 허벅다리의 근육 사이에 끼워서 막는다.

③ 급소를 복강 안으로 끌어올린다.

왼발을 앞에 둔 상태에서 상대가 이쪽의 왼발이 방해가 되지 않는 왼발 차기로 공격했다고 가정하자. ①의 방법을 사용할 경우는 재빨리 왼발을 무릎이 안쪽으로 향하도록 들어서 정강이로 고환을 보호한다. 이때 무릎을 깊게 굽혀서 정강이뼈의 끝이 약간 왼쪽 대각선 아래를 향하게 한다. 이렇게 하면 상대의 정강이가 이쪽의 정강이를 따라서 오른쪽 옆으로 미끄러진다. 성공하면 반대로 상대의 고환이 무방비 상태가 되므로 깊게 굽히고 있었던 왼쪽 무릎의 스냅을 이용해 상대의 고환을 걷어찰 수도 있다.

②의 예로, 고류 가라테에서는 허벅다리 사이를 좁히는 '삼전서기' 자세로 서서 올려 찬 발끝을 양 허벅다리의 근육 사이에 끼우는 방법으로 막는다. ③은 특수한 방어법으로, 고환거근이라는 근육을 사용해 순식간에 고환을 뱃속으로 끌어올린다.

상대가 왼발로 고환을 노린다면 자신의 왼발 정강이로 받아낸 다음 발을 내리지 말고 그대로 상대의 고환을 걷어찬다.

삼전서기. 허벅다리의 근육으로 고환을 보호한다.

고양이발 서기. 고환 차기 공방전에 적합한 이런 자세도 있다.

Question

56

보디의 맷집을 강하게 만들려면 어떻게 해야 할까?

보디를 가격당했을 때 충격력에 대항하는 세 가지 방법이 있다.

① 복근을 강하게 수축시킨다.

② 최대한 많은 늑골로 받아낸다.

③ 호흡을 통해 보디를 풍선처럼 만든다.

①의 복근은 복직근을 중심으로 표층부터 외복사근, 내복사근, 복횡근 순서로 3층 구조를 이루고 있다.※ 복직근은 복부의 정면, 외복사근과 내복사근은 복직근의 양 측면에 있으며, 복횡근은 배에 띠를 두른 형태다. 도로변의 가드 레일이 자동차의 충돌을 받아내듯이 복근은 타격기의 충격력을 받아내 내장을 보호한다. 가드 레일은 지주의 간격이 좁을수록 자동차를 받아내는 능력이 높아지는데, 이와 마찬가지로 복직근이 붙어 있는 늑골과 골반 앞부분(치골)의 간격을 좁히면, 즉 배를 굽히면 맷집이 강해진다. 역시 복부 우측을 가격당했을 때는 복근을 오른쪽으로 굽혀서 외복사근과 내복사근의 수축력으로 견뎌낸다.

②는 가슴을 가격당했을 때의 대항법이다. 가령 우측 보디 상부(가슴 하부)에 가해진 타격에 대해 가슴을 오므리듯이 굽히면 늑골의 틈새가 좁아져서 많은 늑골로 받아내기 때문에 골절을 막을 수 있다. ③은 복횡근을 수축시켜 배에 붕대를 감은 것처럼 복압을 높인다. 타이어의 압력이 자동차의 무게를 지탱하듯 의외로 커다란 힘을 견딜 수 있다. 어떤 가라테 무술가의 보디를 쳤을 때, 무술가는 훅 소리를 내며 코로 숨을 내뱉었다. 마치 공기가 빠지기 시작한 풍선처럼 보디를 오므리면서 펀치력을 흡수한 것이다.

※ 대략적으로 보면 복부 표면 전체가 튼튼한 시트로 둘러싸여 있고 그 시트의 일부가 자력으로 수축하는 네 종류의 복근인 구조다.

보디를 지키는 네 겹의 복근

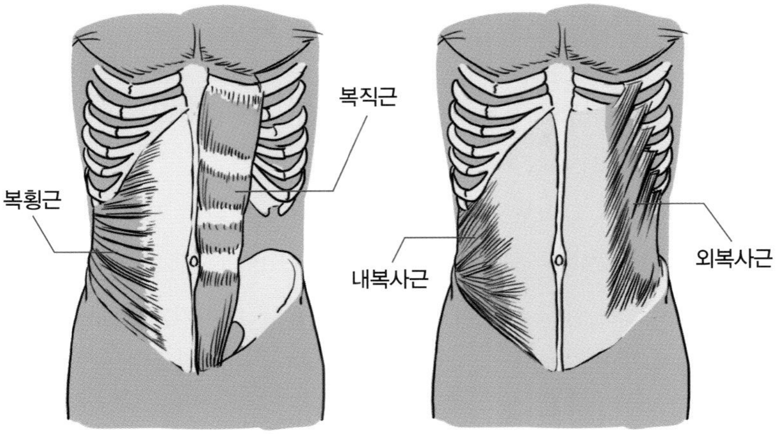

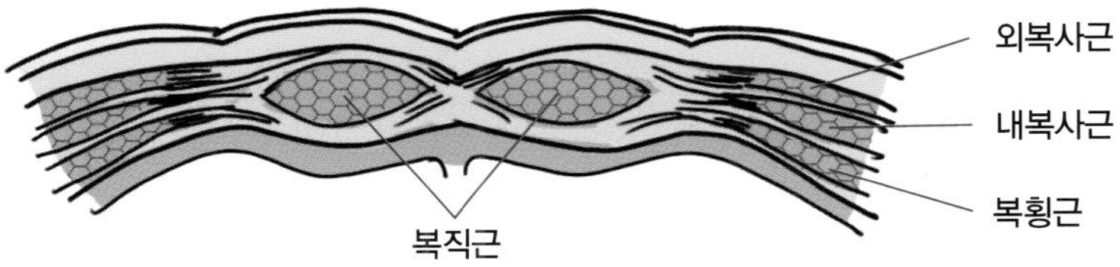

복근의 수축력과 복압으로 충격력을 견뎌낸다

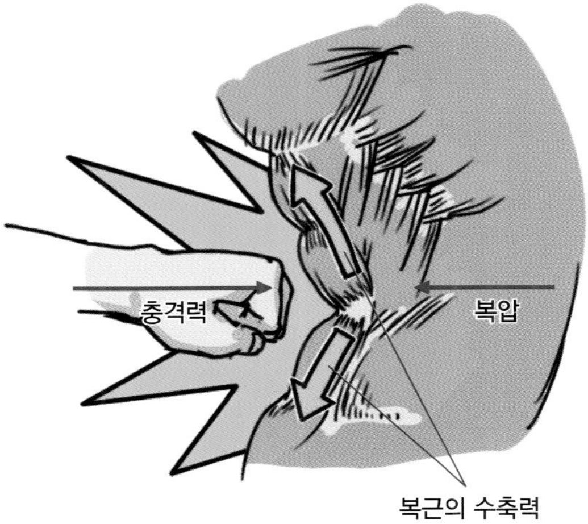

Question 57

안면에 지른 주먹을 상대가 쳐낸 느낌도 없었는데 완전히 방어당했다. 어떻게 된 일일까?

지르기는 지르는 팔의 기세(운동량)가 주먹을 통해 순간적으로 상대의 몸(두부나 보디)에 전달되어 충격력이 된다.

권투의 블로킹은 글러브, 전완, 상완, 어깨 등의 강한 부분으로 펀치를 받아내는데, 이때 정면으로 받아내는 것이 아니라 받아넘긴다는 생각으로 시간을 들여서 받으면 충격력이 줄어들기 때문에 데미지가 없다. 다만 글러브를 사용하지 않는 맨손 대 맨손의 경우, 어깨 이외의 부위는 데미지를 피할 수 없다.

권투의 패링은 글러브로 펀치(글러브)를 쳐내는데, 맨손일 경우는 지르는 팔을 주로 전완을 사용해서 옆이나 위아래로 쳐내 주먹의 방향을 바꾼다. 고류 가라테에서는 단련한 팔로 상대의 팔을 부러뜨릴 기세로 쳐냄으로써 오히려 데미지를 입힌다.

숙련자만이 할 수 있는 기술이지만, 상대의 지르기에 맞춰서 재빨리 손목 부근에 손을 뻗어 밀착시킨 채 팔의 기세를 거스르지 않고 궤도만 살짝 바꾸면서 자신의 머리를 손의 그림자 속으로 아슬아슬하게 숨기듯이 움직이는 방법도 있다. 지르는 팔을 강하게 쳐내는 것이 아니고 주먹의 방향도 살짝만 바뀌기 때문에 **지른 쪽은 상대가 쳐냈다는 느낌을 받지 못한다.**

권투의 더킹(몸 숙이기)이나 여기에 좌우 움직임을 추가한 위빙으로 펀치가 허공을 가르게 하는 방법도 있는데, 너무 아슬아슬하게 피하려 하면 실패할 우려가 있다. 그러나 위의 방법은 자신의 손 뒤로 숨기 때문에 그럴 걱정이 없다. 움직임이 작은 만큼 균형을 유지하기가 용이해 즉시 반격에 들어갈 수 있다. 중국 권법에서는 **상대의 공격을 받아낸 팔의 팔꿈치를 이용해 곧바로 상대의 옆구리를 지르는 카운터 공격**을 하기 때문에 방어와 반격을 한 동작에 할 수 있다.

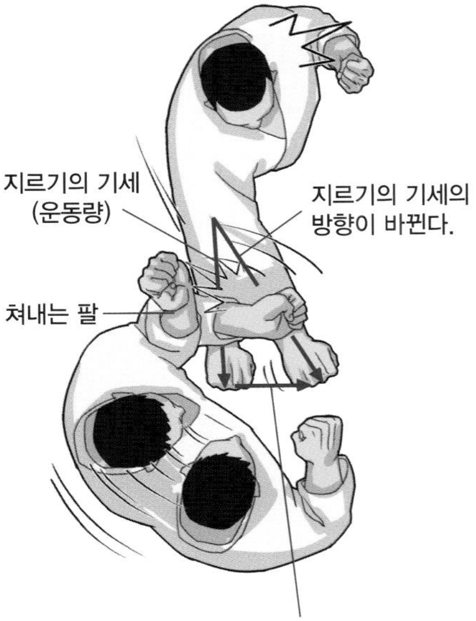

옆으로 쳐내는 손에서 더해지는 충격량
충격량 = 옆으로 쳐내는 힘 F × 쳐내는 시간 T

⬆ 상대의 오른 주먹 지르기를 오른팔로 받아넘기면서 그대로 옆구리를 팔꿈치로 지르는 중국 권법의 기술

소림사 권법의 경우

⬆ 소림사 권법은 긴 시간 T에 걸쳐서 약한 힘 F로 받는다.

가라테의 경우

➡ 가라테는 상대가 지른 팔을 부러뜨릴 만큼 강한 힘 F로 순식간에(T가 짧다) 쳐낸다.

Question

58 악력이 강한 상대에게 손목을 잡혔을 때 힘에 의존하지 않고 빠져나올 방법은 없을까?

사람은 막대나 그물을 한손으로 붙잡고 수십 초 동안 매달릴 수 있다. 즉 체중과 같은 힘으로 물건을 당길 수 있다. 순간적으로는 더 큰 힘이 나올 것이다. 이런 힘으로 손목을 붙잡혔을 때 단순히 잡아당기기만 해서는 빠져나올 수 있을 리가 없다.

매달리는 힘도 그렇지만, 손에 쥔 물건을 놓치지 않고 당기는 힘을 홀드력이라고 한다. 홀드력은 악력계로 측정하지만 악력과는 별개의 커다란 힘이다. 붙잡힌 손목을 푸는 기본적인 세 가지 방법이 있다.

① 손목의 위치를 바꾸지 않아 홀드력을 상대하지 않으면서 상대의 손 안에서 손목이 회전하듯이 자신의 전완을 돌린다.

② 이때 상대의 손목이 안쪽으로 굽도록 주의한다.

③ 자신의 손목으로 상대의 엄지손가락과 둘째손가락 사이를 끊는다.

준비 동작으로, 자신의 팔은 팔꿈치가 옆구리에 붙을 만큼 굽히고 상대의 팔은 완전히 뻗도록 자세를 만들어 놓는다. Q44에서 설명했듯이 이 자세에서는 상대가 옆 방향으로 손을 흔들더라도 버틸 수 있으며 전완을 회전시키기가 용이하기 때문이다.

상대가 왼손으로 이쪽의 오른손목을 바깥쪽에서 잡았다고 가정하자. 먼저 눈 찌르기 등으로 견제하면서 쓱 상대에게 다가가 준비 자세를 만든다. 그리고 조금 더 접근하면서 손목을 중심으로 자신의 팔꿈치를 앞으로 내지른다. 자신의 전완이라는 철봉의 끝을 상대의 손이라는 링 모양의 작은 쇠장식에 끼우고 비틀어서 끊는 느낌이다. 여기에 손의 구조상 상대의 손목이 안쪽으로 굽을수록 악력이 거의 0이 되어 제대로 저항하지 못하기 때문에 신기할 만큼 쉽게 빼낼 수 있다.

⇧상대가 오른손으로 오른손을 안쪽에서 붙잡았을 때의 '팔뚝빼기'. 상대의 손목을 중심으로 자신의 팔꿈치를 앞으로 내질러서 붙잡힌 손을 빼낸다.

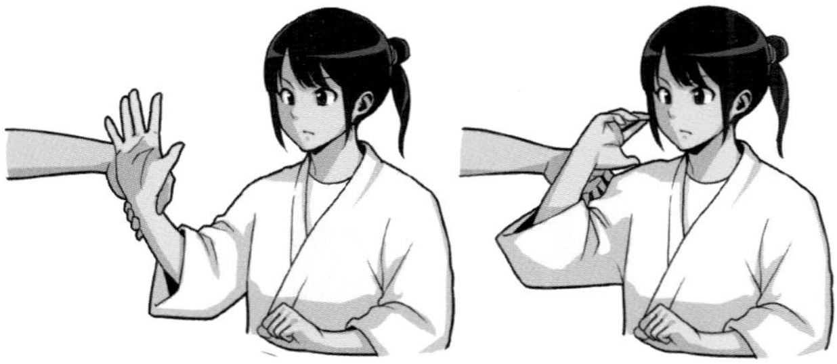

⇦상대가 왼손으로 오른손을 바깥쪽에서 붙잡았을 때의 '빼내기'. 팔뚝빼기와 마찬가지로 붙잡힌 손목을 중심으로 팔꿈치를 앞으로 내지른다. 그러면 붙잡힌 손목을 부드럽게 빼낼 수 있다.

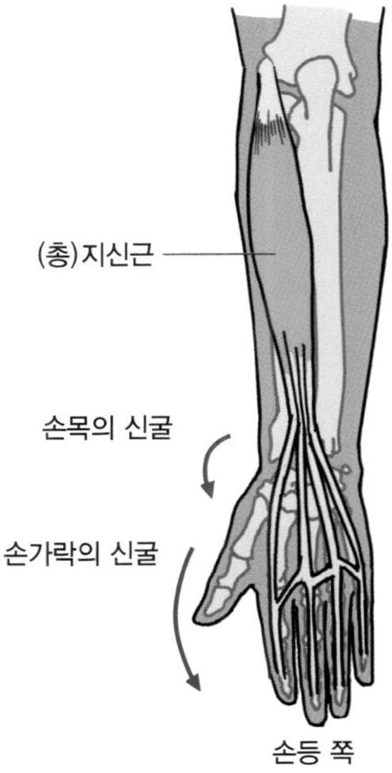

⇦(총)지신근은 엄지손가락 이외의 손가락을 뻗고 손목을 손등 쪽으로 구부리는 역할을 한다. 손목을 손바닥 쪽으로 구부리면 (총)지신근이 한계까지 늘어나 땅기기 때문에 쥘(손가락을 굽힐) 수 없게 된다.

Question
59

강력한 맨손 지르기를 어떻게 방어해야 할까?

Q01에서 설명했지만, 지르기의 충격력은,

① 고속으로 내지른 주먹(과 팔 전체나 동체)의 기세가,

② 목표에 부딪혀 급정지할

때 발생한다. 이 조건을 만족시키지 못하면 큰 충격력은 나오지 않는다. 따라서 이상적인 방법은 피해서 주먹에 맞지 않는 것이다.

몸놀림만으로는 완전히 피할 수 없을 경우, 자신의 손이나 전완으로 상대의 손목이나 전완을 상하좌우로 쳐낸다. 평범한 펀치라면 가벼운 힘에도 주먹의 방향이 바뀐다. 다만 고류 가라테처럼 밀어 넣듯이 지르는 방식도 있으므로 손끝만으로 쳐내려 하지 말고 동체의 비틀림에 맞춘 전완의 움직임으로 힘껏 튕겨내는 것이 좋다.

이제 펀치를 완전히 피하지는 않고 몸으로 받아낼 경우를 생각해 보자.

①에서 주먹의 속도가 최고 속도에 가까운 값을 유지하는 구간은 주먹 두 개에서 주먹 세 개 거리다. 거리가 너무 가까우면 속도가 나지 않고, 너무 멀면 속도가 떨어진다. 상대가 펀치를 내미는 데 맞춰서 거리를 좁히거나 주먹을 저지하는 방법도 있지만, 타이밍을 잘못 맞추면 오히려 강력한 카운터가 될 위험도 있다. 펀치에 맞춰서 얼굴이나 보디를 상대가 예상한 위치보다 뒤로 빼면 속도가 줄어 위력이 떨어진 펀치가 될 수밖에 없다.

②와 관련해서는 보디에 대해 수직으로 맞지 않는 것이 중요하다. 동체를 비트는 등의 방법으로 비스듬하게 맞으면 수직 방향의 속도가 줄어들 뿐만 아니라 주먹이 멈추지 않고 미끄러져 그만큼 충격력이 감소한다. 맞는 타이밍에 맞춰서 동체를 앞으로 기울여 주먹이 복직근을 따라 아래 방향으로 미끄러지게 하는 방법도 있다.

유파에 따라서는 우격다짐으로 주먹을 밀어 넣음으로써 확실히 쳐낸다.

권투식 블로킹은 전완이나 팔꿈치로 데미지를 받아낸다.

Question

60

돌진해 들어오는 상대에게 대처하는 방법은 Q08뿐일까?

몸통 부딪히기를 받아내는 방법은 그 기세(운동량)를 교묘히 0으로 만드는 것이었다. 한편 기세를 받아내지 않고 방향을 살짝 바꾸는, 즉 '받아넘기는' 것도 효과적인 방법이다.

상대가 돌진하면서 오른팔을 뻗어 주먹을 내질렀다고 하자. 이쪽도 오른손을 뻗어서 상대의 오른손목을 잡는다. 상대의 힘을 거스르지 않으면서 오른손을 당기면 **Q44**에서 설명한 '상대의 팔은 뻗어 있고 자신의 팔은 짧은' 자세가 실현된다. 그다음 몸을 시계 방향으로 비틀면서 자신의 오른손을 오른쪽으로 흔들면 상대는 그 힘을 거스르지 못한다. 동시에 잡아당기는 힘도 가하는데, 상대는 밀려고 하고 있으므로 간단히 당길 수 있다. 성공하면 안 그래도 앞으로 기운 자세였던 상대의 몸은 앞으로 쏠리게 된다.

작용 반작용의 법칙에 따라 자신의 손은 상대를 오른손 앞으로 잡아당긴 것과 같은 크기의 힘으로 상대로부터 왼쪽 앞 방향으로 당겨지게 되는데, 이 힘을 이용해 왼쪽 앞으로 나아간다. 다만 상대를 잡아당기는 데 의식을 집중한 나머지 두 발로 지면을 밟고 힘껏 버텨서는 매끄러운 움직임이 나오지 않는다. 상대의 손을 손잡이라고 생각하고 잡아당기면서 왼쪽 앞으로 나아간다. 똑바로 돌진해 오던 상대의 진행 방향은 이 동작에 살짝(자신이 봤을 때) 오른쪽으로 틀어진다. 한편 자신은 왼쪽 앞으로 나아가고 있고 충돌하기 쉬운 우반신도 비틀어서 피하고 있으므로 상대의 몸과 아슬아슬하게 스쳐 지나가게 된다.

이렇게 하면 완벽하게 상대의 등 뒤로 돌아 들어갈 수 있다. 스쳐 지나가면서 그대로 타격을 퍼붓거나 등 뒤에서 공격하면 상대는 아무런 저항도 하지 못한다. 손목이 아니라 상대의 어깨 등을 잡을 때도 원리는 같다. 왼손을 보조적으로 사용해 상대를 엎어뜨릴 수도 있다.

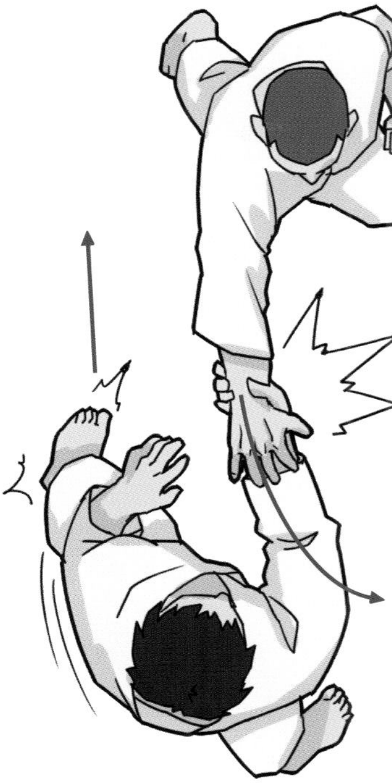

이 그림처럼 당기면서 왼쪽 앞으로 이동한다. 왼발이 앞. 왼쪽 옆으로 스텝을 밟으며 도망쳐서는 안 된다. 아슬아슬하게 스쳐 지나가듯이 왼쪽 앞으로 나간다.

왼손으로 반격한다. 상대는 화살표 방향으로 돌면서 몸이 대각선 앞쪽으로 쏠려 허우적거린다.

Question 61

던져질 때 데미지를 줄이는 낙법의 원리는?

상대에게 던져져서 지면에 떨어지는 것은 역학적으로 볼 때 '낙하하는 기세로 지면에 몸을 부딪치는' 것과 마찬가지여서 충격력이 발생한다. 작용 반작용의 법칙에 따라 지면에 가해지는 충격력과 같은 힘이 지면으로부터 몸에 가해진다. 충격력을 완화시키려면 타격기에서 설명한 '강한 충격력을 발생시키는 방법'을 거꾸로 생각해야 한다.

충돌하는 물체의 운동량 = 체중 × 지면에 부딪히는 순간의 속도

의 관계가 있다. 이것이 일정하다고 가정하고 이야기를 시작하자.

낙법의 원칙은 다음의 세 가지다.

① 두부(뇌)와 동체(내장)에 힘이 가해지지 않게 한다.

② 충격을 받아들이는 면적을 넓힌다.

③ 충격을 받는 시간을 늘린다.

유도에서는 팔이나 발로 매트를 강하게 때린다. 이것은 우주선이 착륙하기 직전에 역분사로 속도를 줄이는 것과 같은 행동으로, 분사 가스 대신 '팔이나 발을 역분사'해 두부와 동체의 낙하 속도를 줄이는 것이다. 팔과 발은 튼튼하므로 매트에 기세 좋게 부딪칠 수 있다. 두부만큼은 절대로 매트에 부딪히지 않도록 주의하자.

업어치기 등으로 던져질 때는 몸을 전방으로 회전하면서 등부터 떨어진다. 온몸의 힘을 빼고 등으로 구르듯이 떨어지는 것이 요령이다. 지면과의 접촉 시간이 길어져 충격력의 최댓값이 줄어들기 때문이다. 또 넓은 접촉면적으로 충격을 받아들이므로 커다란 압력이 집중되는 일도 없다. 다만 바닥이 매트가 아니라 콘크리트라면 낙법을 사용하더라도 어느 정도의 데미지를 각오해야 한다. 던지기는 장소에 따라서는 매우 위험한 기술이다.

①우주선이 기세 좋게 하강한다.

②역분사로 속도를 줄인다.

③연착륙한다.

①상대에게 던져져 기세 좋게 낙하.

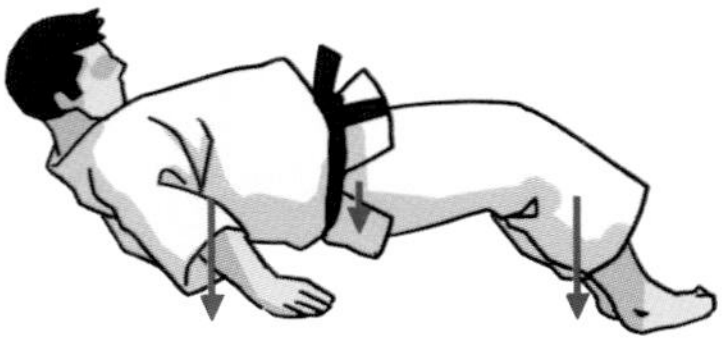

②팔과 발을 아래 방향으로 '역분사'한다. 머리가 바닥에 부딪히지 않도록 목을 구부린다(자신의 배꼽을 보면 된다).

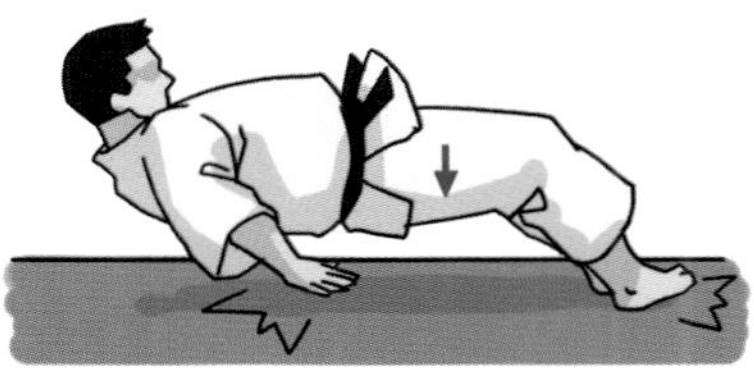

③'역분사'된 팔과 발은 튼튼하므로 바닥과 충돌해 멈춘다.

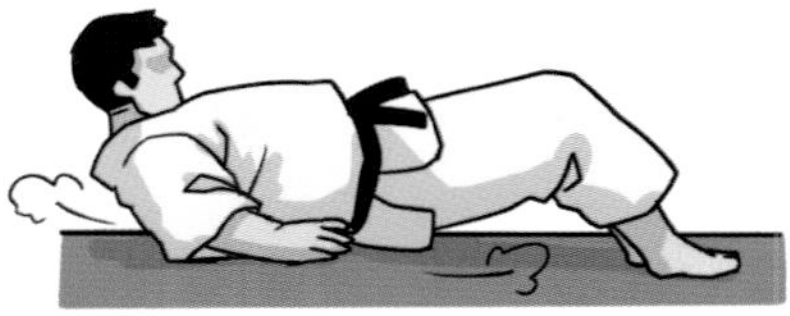

④직후에 동체가 연착륙한다.

제 6 장 수련 · 연습의 과학

Question

62 격파 시범에 자주 사용되는 수도 치기는 실제로 사용이 가능한 기술일까?

수도(手刀)는 손바닥의 새끼손가락 쪽에 있는 새끼두덩이 근육이 붙은 부분이다. 손목에 가까운 이 부분은 수근골로 구성된 수근부로, 특히 두상골※이 약간 손바닥 쪽으로 튀어나와 있다. 장저치기도 그렇지만, 너클보다 통증이나 부상을 그다지 신경 쓰지 않고 힘껏 칠 수 있는 부분이다.

K-1 등에서는 글러브가 수도를 덮고 있기 때문에 사용할 수가 없다. 규칙과는 별개로 글러브가 없다면 회전 등주먹 치기와 같은 요령으로 수도를 사용할 수도 있을 것이다.

수도로 노리는 부분은 목, 옆구리, 쇄골, 미간, 팔 등이다. 목의 경우는 후두부의 밑동을 치면 데미지가 큰데, 목을 지나가는 경동맥을 쳐도 혈압의 급격한 변화가 뇌에 전해져 기절한다(기절만으로 끝난다면 다행이지만……). 쇄골도 부딪히는 각도에 따라서는 부러질 수도 있다고 한다. 팔의 경우는 전완이나 손목에 맞으면 통증이나 저림이 와서 전투력이 떨어진다.

이만큼의 위력이 있는데도 맨손 시합에서조차 수도 치기를 거의 볼 수 없는 이유 중 하나는 목에 대한 공격이 금지되어 있기 때문이다. 또 수도 치기는 예비 동작이 커서 간파당하기 쉬우며, 그 결과 방어가 용이하다는 점도 이유로 들 수 있다.

타격 계열의 격투기 시합에서는 일반적으로 잡기가 금지되어 있다. 만약 이 제한이 없다면 상대가 지른 팔, 소매나 옷깃, 머리카락을 잡아당겨서 균형을 무너뜨려 상대를 무저항 · 무방비에 가까운 상태로 몰아넣을 수 있다. 이렇게 하면 원하는 장소를 수도로 힘껏 타격할 수 있으며, 그 위력은 절대적일 것이다. 시합에서 효과적인 기술과 실전에서 효과적인 기술은 다르다는 사실에 주의하자.

※ 157쪽 삽화를 참조.

잡아당겨서 중심을 무너뜨려 저항할 수 없는 상태로 만든 다음 수도로 목을 친다.

전완이나 손목을 수도 치기로 가격해 고통을 준다.

Question

63

가라테 무술가는 수도로 맥주병을 자르는데, 어떻게 단단한 유리를 손으로 자를 수 있는 것일까?

수도가 번뜩이며 맥주병이 잘린 순간 길쭉한 부분이 날아가며 거품과 함께 맥주가 뿜어져 나오는 모습은 박력이 있다. 그런데 사실은 맥주병을 '자르는' 것이 아니라 '때려서 부러뜨린' 것이다. 요컨대 수도에 부딪힌 부분이 잘리는 것이 아니라 끝 부분을 가격한 힘에 길쭉해진 부분을 구부리는 힘이 발생해 근본 부근 A의 위치에서 부러진 것이다.

때려서 부러뜨리기 쉬운 병의 조건은 다음 세 가지이다.

① 가는 부분 l이 길고 지름 d가 작을 것

② 어깨 부분이 완만하지 않고 갑자기 가늘어질 것

③ 병에는 액체(물이나 맥주) 또는 무거운 모래가 들어 있을 것

또한 수도로 칠 때의 조건은 다음 두 가지이다.

④ 최대한 고속으로 칠 것

⑤ 살 부분이 아니라 손목에 가까운 두상골을 부딪칠 것

①과 ②는 구조적으로 부러지기 쉬운 형태다. 특히 가는 부분의 근본이 잘록하면 더할 나위 없다. ③은 병의 바닥이 고정되어 있지 않으므로 무거운 편이 덜 움직여 힘이 잘 전달되기 때문이다. 쇳가루를 넣으면 모래보다 효과적이다. ④와 ⑤는 충격력이 순간적으로 커지는 조건이다. 힘이 천천히 일어나면 병이 움직이고 힘의 최댓값도 커지지 않는다. ⑤의 두상골은 딱딱해서 수도 치기에 자주 사용된다.

어떤 유명한 가라테 무술가는 어깨 부분이 완만한 맥주병을 수도로 깬다. 아마도 어깨 부분의 유리가 얇아서 ④와 ⑤의 조건만으로 충분하기 때문일 것이다. 이때 병은 불규칙적인 단면으로 깨지므로 '수도로 병을 자르는' 것이 아님을 명확히 알 수 있다.

근본 A의 주위에 구부리는 힘(토크)

$N = Fl$

이 발생한다.

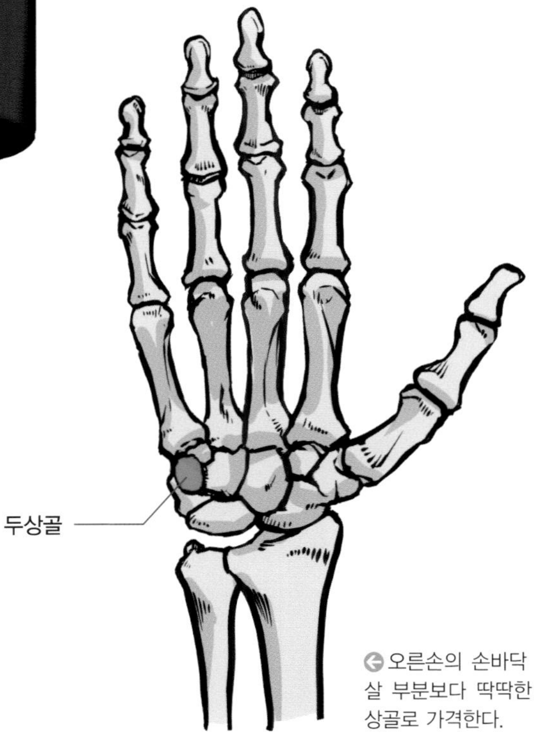

➔ 오른손의 손바닥 쪽. 살 부분보다 딱딱한 두상골로 가격한다.

Question

64

샌드백을 크게 흔들 정도의 펀치를 안면에 맞았지만 괜찮았다. 어째서일까?

Q01과 Q02에서 설명했지만, 충격력에서 중요한 것은 순간적인 '날카로움'을 나타내는 '최댓값'과 '묵직함'을 나타내는 '충격량'이었다. 또 같은 사람이 같은 자세로 펀치를 때려도 맞는 표적의 단단함이나 무게, 고정된 정도에 따라 충격력이 변한다는 것도 설명했다.

샌드백을 흔드는 것은 충격량으로 다음과 같은 관계가 있다.

샌드백의 중량 × 움직이는 속도 = 충격량

충격량 = 목표에 전달된 몸의 운동량

샌드백은 충격량에 비례한 속도로 흔들린다. 펀치의 속도가 느리더라도 전신의 운동량만 크다면 충격량이 커지기 때문에 샌드백이 크게 흔들린다.

극단적인 예이지만, 팔을 뻗은 채 샌드백을 향해 달려들어 주먹으로 밀듯이 지르면 백은 매우 크게 흔들린다. 그러나 이 주먹을 안면에 맞혀도 효과는 거의 없을 것이다. 충격력 곡선의 첫 부분의 작은 힘에 안면이 움직여서 그보다 뒤의 힘, 즉 동체의 운동량은 전달되지 않기 때문이다.

안면처럼 가볍고 쉽게 움직이는 목표에 대해서는 운동량이 순간적으로 전달되도록 주먹과 전완을 최대한 고속으로 움직일 수 있는 자세의 펀치가 효과적이다. 팔꿈치의 스냅을 충분히 활용하거나 약간 훅의 느낌으로 휘두르듯이 쳐도 좋을 것이다.

공중에 매달린 판을 정권으로 격파할 때도 양쪽 끝을 잡은 판을 격파할 때와는 자세가 달라진다. 판은 안면(두부)보다 더욱 가볍고 쉽게 움직이므로 훅을 날리듯이 주먹을 고속으로 휘두르고, 힘이 순간적으로 전달되도록 딱딱한 권두(둘째손가락의 밑동)를 맞힌다. 주먹을 헐겁게 쥐면 쿠션 역할을 하기 때문에 판이 날아갈 뿐 깨지지 않는다.

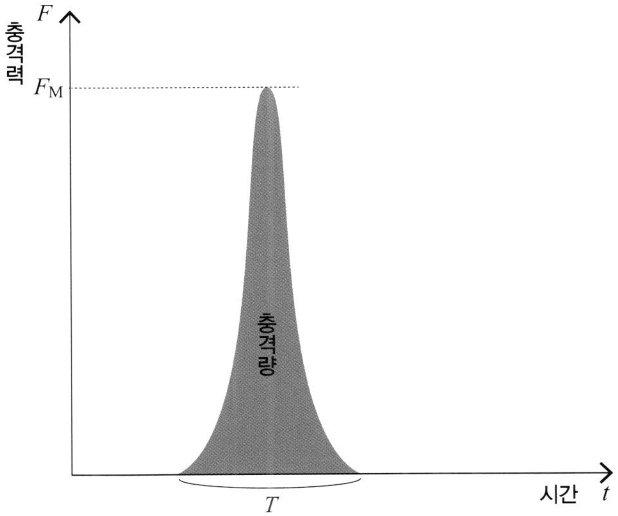

지속 시간 T는 짧지만 순간적으로 커다란 최댓값 F_M을 낳는 '날카로운' 펀치. 충격량이 작으므로 샌드백의 흔들림은 적다.

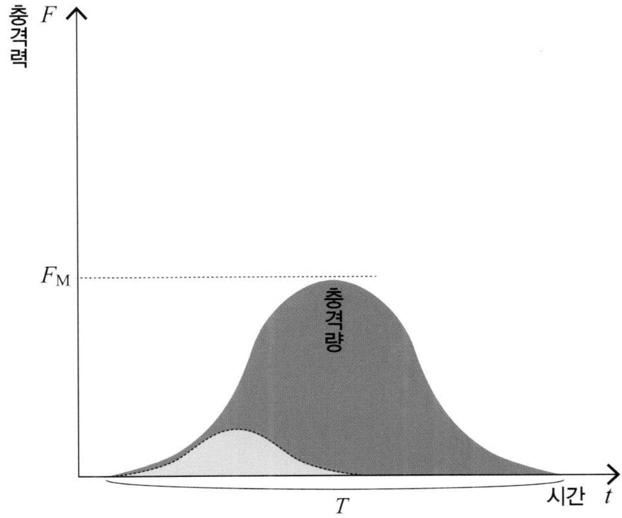

최댓값 F_M이 작고 지속 시간 T가 길어서 충격량이 큰, 그저 '묵직할' 뿐인 펀치. 샌드백은 크게 흔들린다. 같은 자세로 안면을 치면 점선과 같이 위력이 없는 펀치가 된다.

Question
65

역시 몸집이 크면 싸움에 유리할까?

대부분의 스포츠 격투기가 체급 제도를 채용한 것을 봐도 알 수 있지만, 몸집이 크면 기본적으로 유리하다. 그 이유는 몸집이 크면 힘과 파워※1의 발생원인 근육량이 많고, 다음과 같은 사실이 있기 때문이다.

① 근육이 낼 수 있는 힘은 횡단면적(굵기)에 비례한다.

② 근육이 낼 수 있는 파워(1초당 낼 수 있는 에너지)도 그 중량에 비례한다(파워 = 근육의 수축력 × 단축 속도).

몸집이 작은 A선수(신장 160 cm, 체중 60 kg)와 체형은 같지만 몸집이 1.1배 더 큰 B선수(신장 160 × 1.1 = 176 cm, 체중 60 × 1.1 × 1.1 × 1.1 = 60 × 1.331 ≒ 80 kg)를 비교해 보자. B의 근육의 횡단면적은 A와 같은 근육의 1.1 × 1.1 = 1.21배다. 즉, **B는 A의 1.21배의 힘을 낼 수 있다.** 정면에서 서로 상대를 밀어붙이면 B가 압도적으로 유리하다. 보디에 펀치를 얻어맞았을 때 충격력에 대항하는 근육군의 수축력도 B가 A의 1.21배다.

자세한 계산은 생략하지만, 같은 자세에서 펀치를 날리면 펀치의 최종 속도는 같아진다.※2 그러나 B의 팔의 무게는 A의 1.33배이므로 **운동량도 B가 A의 1.33배**가 된다.

던지는 기술의 경우도 A는 1의 파워로 체중이 1.33배인 B를 던져야 하고 B는 그 반대이므로 A가 문자 그대로 더 멀리 날아갈 것이다.

A가 유리한 점은 민첩함이다. 정지 상태에서 같은 거리를 뛰어들 때 소요되는 시간은 **A가 B보다 약 5% 짧다.** 펀치를 날리는 데 걸리는 시간은 리치가 짧다는 점도 있어서 **A가 B보다 약 10% 짧다.** 다만 이 정도의 차이로 B와의 힘의 차이를 온전히 메울 수는 없을 것이다. 급소 공격을 금지하는 규칙이라면 이론적으로도 큰 쪽이 더 유리하다.

⇧ 자세가 같다면 펀치의 최종 속도는 같다. A선수는 리치가 짧아 5% 빠른 시간에 펀치를 날릴 수 있다. 운동량은 B선수가 A선수의 1.33배다.

신장의 비와 근력의 비, 근력의 파워, 충격량의 비의 관계

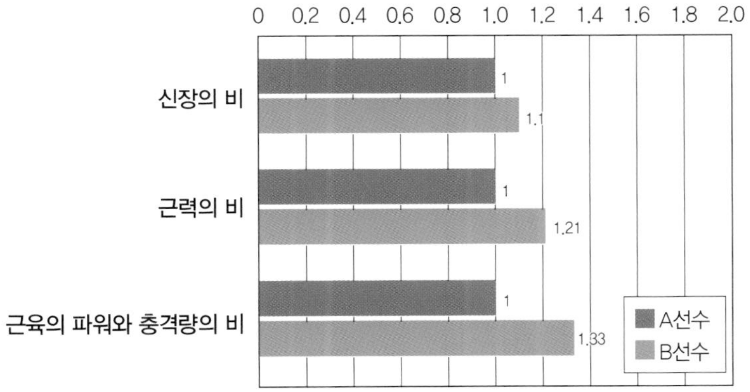

똑같은 인간이고 몸집만 다르다면 당연히 몸집이 더 큰 쪽이 유리하다.

※1 예를 들어 승강기로 같은 무게의 물체를 들어 올릴 경우, 고속인 승강기가 힘(물체의 중량)은 같지만 속도에 비례해 파워가 증가한다. 정지 상태의 승강기는 내부의 물체를 지탱하는 힘은 있지만 파워는 0이다.

※2 근육의 헛스윙 최대 속도(53쪽 위쪽 삽화의 V_0)는 긴 근육을 가진 B가 더 크므로, 투구처럼 최종 속도만을 추구할 때는 B가 유리하다.

Question

66 '근육 트레이닝으로 만든 근육은 쓸모가 없다.'는 설은 사실일까?

파워와 힘의 발생원은 근육이므로 근육량이 많을수록 강하게 움직일 수 있다. 근육의 수축력은 굵기(횡단면적)에 비례하며, 파워는 무게에 비례한다. 또 목 근육이나 복근이 두꺼울수록 안면이나 보디의 맷집이 강해진다. 그러므로 근육 트레이닝으로 근육을 굵게 만드는(근비대라고 한다) 것은 좋은 일이다. 근육이 빈약한 사람은 먼저 근육 트레이닝을 하기 바란다.

근육을 굵게 만드는 가장 효율적인 근육 트레이닝은 보디빌더가 실천하는 방법이다. 그런데 격투기에 강해지고 싶은 사람이 이 방법으로 근육 만들기에 열중하면 '쓸모가 없는 근육이 되기 쉽다.'는 함정이 있다. 다음 세 가지 때문이다.

① 하나의 관절만을 움직이며, 사용하는 근육도 소수다.

② 움직임이 느리다.

③ 근육의 탄성을 전혀 사용하지 않는다.

격투기의 움직임, 예를 들어 펀치의 경우는 하반신부터 움직이기 시작해 동체, 지르는 팔의 순서로 수많은 관절과 그것을 움직이는 수많은 근육이 역동적이면서 고속으로 움직일 때 비로소 날카로운 펀치가 된다. 또 **Q13**의 원투에서 설명한 예비 동작은 몸을 일단 반대 방향으로 움직이므로 근육과 힘줄이 잡아 늘려졌다가 그 직후에 용수철처럼 강하고 빠르게 수축한다.

요컨대 강한 펀치를 날리려면 높은 기술과 그에 걸맞은 근육이 필요하다. 차기도 마찬가지다. 근육 트레이닝과는 별도로 기술 연습을 충분히 하는 동시에 순발력과 탄성을 단련하는 종류의 근육 트레이닝도 계속하는 편이 좋을 것이다.

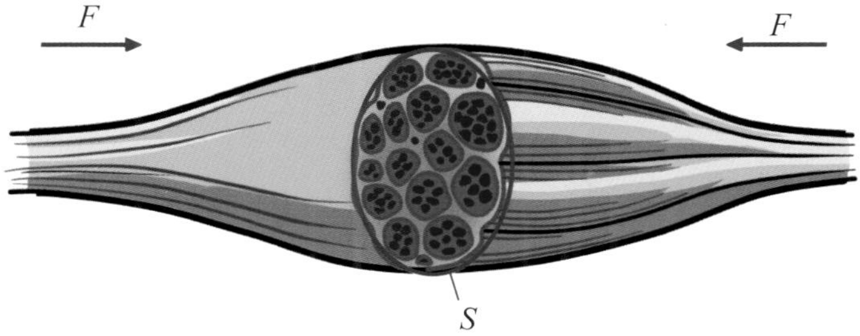

근육의 수축력 F는 횡단면적 S에 비례한다. 즉 굵을수록 강하다.

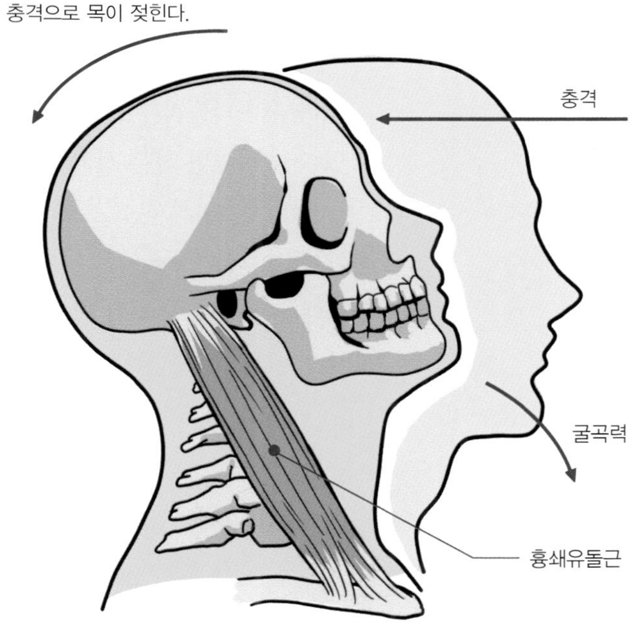

얼굴 정면에서의 충격력에는 목 앞면의 근육군(흉쇄유돌근 등)의 굴곡력으로 대항해 뒤로 젖히지 않도록 한다. 따라서 근육이 굵을수록 맷집이 강해진다.

Question

67

등의 근육이 히트 머슬일까?

히팅 머슬 또는 펀치 머슬이라고도 하는데, 내 경험으로 볼 때 하드 펀처는 대체로 등 상부의 근육이 발달했다. 옛 사람들은 이 근육이 펀치를 강하게 만든다고 생각해서 히트 머슬이라고 불렀다.

나는 펀치가 목표에 맞는 순간 동체의 기세를 주먹에 전달하기 위해 팔(상완골)을 지탱하는 견갑골을 고정시키기 때문에 견갑골 주위의 근육이 발달한 것이라고 해석해 왔으며 부분적으로는 이 해석도 옳다고 생각한다. 다만 근생리학의 전문가이자 가라테 숙련자인 다니모토 미치야 선생(긴키대학 생물이공학부)의 설이 유력하므로 이것을 소개토록 하겠다.

펀치로서 기세 좋게 내지른 팔은 완전히 뻗은 순간 급제동이 걸린 듯이 멈춘다. 이때 팔을 내지르는 근육이 아니라 되돌리는 근육(광배근 등)이 억지로 잡아 늘려진다. 근육은 억지로 잡아 늘려지면 작은 상처가 생긴다. 무거운 바벨을 올리고 내리는(내릴 때 근육이 잡아 늘려진다) 근육 트레이닝도 마찬가지다. 근육은 이것을 자극으로 삼아 굵어진다.

요컨대 등의 근육은 펀치를 내밀 때는 거의 작용하지 않는다. 그러나 하드 펀처, 즉 펀치가 고속일수록 멈출 때 큰 힘이 필요해지기 때문에 결과적으로 단련이 되어 굵어지는 것이다. 이 선후 관계를 오인해서 바벨을 들어 올리는 운동 등으로 등 근육을 단련한들 하드 펀처는 되지 않는다.

팔을 내지를 때 사용하는 상완삼두근, 삼각근, 대흉근, 그리고 허리를 돌려서 어깨를 앞으로 내미는 데 사용하는 발과 동체의 근육이 진정한 히트 머슬이다. 즉 온몸을 단련해야 한다는 것이다.

광배근의 위치

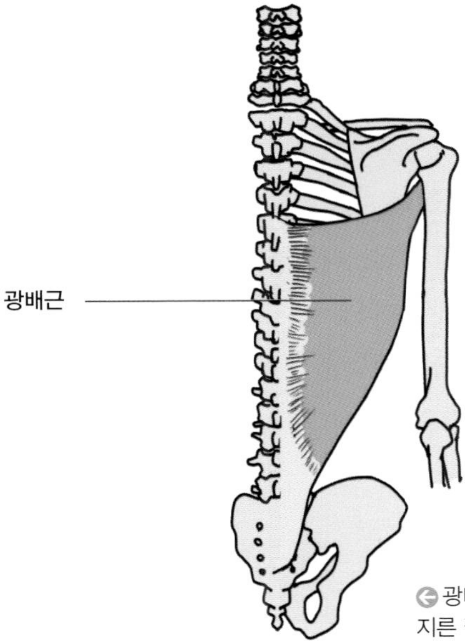

광배근은 펀치로 내지른 팔을 정지시킨다.

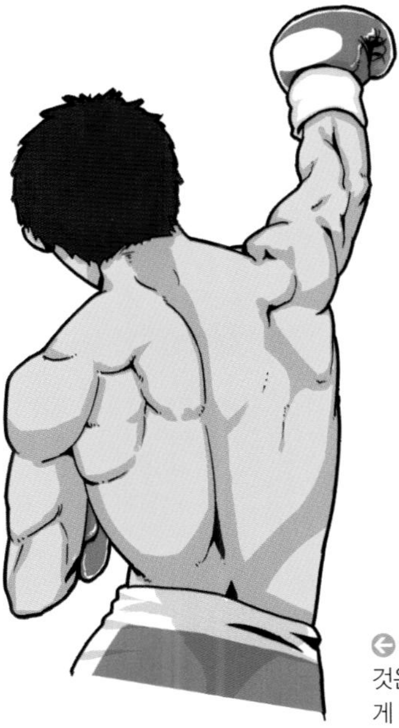

라이트 스트레이트를 멈추는 것은 오른쪽 광배근이다. 기세 좋게 내지른 팔에 급제동을 건다.

Question

68 분명히 달인의 말대로 했는데도 잘 안 될 때가 있는 이유는 무엇일까?

달인의 말을 실마리로 연습하는 과정은 다음과 같을 것이다.

① 달인이 올바른 동작을 한다.

② 그 동작 중 내부 감각을 깨닫는다.

③ 그 내부 감각을 말로 전달한다.

④ 그 말을 들은 사람이 내부 감각을 추측한다.

⑤ 그 감각이 생기는 동작을 모색한다.

④⑤를 반복한다.

⑥ a 또는 ⑥ b

⑥ a(성공): 달인과 같은 동작을 할 수 있게 된다.

⑥ b(실패): 잘못된 동작 속에서 방황한다.

그러면 지르기를 예로 삼아 구체적으로 살펴보자.

① 달인의 올바른 지르기 동작

두 발의 커다란 근육군을 사용해 허리(골반)를 회전시키고, 허리의 회전에 맞춰서 동체도 비튼다(유파에 따라 비트는 방식에 차이가 있다). 어깨 폭은 허리 폭보다 상당히 넓으므로 동체가 회전함에 따라 어깨가 상당한 속도로 앞으로 이동한다. 어깨의 움직임에 편승해 타이밍 좋게 팔을 내지르면 고속의 지르기가 된다.

내 연구에 따르면 지르는 팔을 가속시키는 에너지의 약 3분의 2는 어깨의 움직임에서 발생하며(어깨의 움직임이 제1단 로켓), 나머지 3분의 1은 지르는 팔에서 나온다(제2단 로켓). 즉 지르기의 에너지 중 3분의 2가 두 발과 동체의 근육군에서 나오는 것이다.※

⬆ 가라테의 지르기의 올바른 자세

⬅ 가라테의 지르기의 경우, 허리의 회전만을 신경 쓰면 몸이 위아래로 움직이고 만다. 위는 올바른 자세이고 아래는 잘못된 자세다.

※ Q21의 그래프2를 참조.

② 내부 감각

①의 원리에 따라서 허리를 정확히 돌렸을 때만 강력한 지르기를 할 수 있으므로 허리의 회전이 중요하다는 내부 감각이 만들어진다.

③ 달인이 내부 감각을 말로 표현

달인은 이것을 "지르기는 허리로 지른다." 같은 말로 표현할 것이다.

④⑤ 달인의 말을 실마리로 삼아 시행착오

'허리로 지른다.'는 생각으로 허리를 이렇게 저렇게 움직였을 때의 내부 감각과 그때의 지르기의 위력을 비교하면서 궁리한다.

⑥ a(성공)

달인과 매우 유사한 내부 감각이 생겨서 점점 달인에 가까운 동작이 되며, 다른 사람에게도 자신 있게 "지르기는 허리로 지르는 거야."라고 가르칠 수 있을 것이다.

⑥ b(실패)

두 발의 움직임을 잊고, 즉 두 발의 대근육군의 파워를 사용하지 않고 허리만 의식하며 이렇게 저렇게 움직였을 경우 완전한 파워 부족 상태가 된다. 또 허리 부근의 회전만을 의식한 나머지 허리 위의 동체를 회전시킨다는 의식이 사라져도 어깨를 기세 좋게 앞으로 보내지 못하게 된다.

그렇다면 왜 실패하는 것일까?

온몸의 수많은 관절과 근육을 타이밍 좋게, 그리고 재빨리 움직이는 격투기의 복잡한 동작은 달인조차도 자세한 움직임을 객관적으로 의식할 수 없기 때문이다. 따라서 말로 표현하지도 못한다. 설령 표현하더라도 너무 복잡해서 이해하기가 어렵다. 그래서 가장 중요한 포인트를 "지르기는 허리로 지른다."와 같이 감각적으로 표현하는 것이다.

가장 좋은 방법은 달인의 지르기 동작을 직접 보면서 달인에게 말의 의미를 배우는 것이다. 역학이나 해부학의 지식이 있으면 달인의 말을 올바르게 해석할 수 있으므로 실력이 더욱 빠르게 향상될 것이다.

가라테의 지르기는 두 발과 동체의 대근육군이 파워의 원천이다.

허리를 제대로 회전시킨 가라테의 중단 지르기는 상대를 날려 버릴 수 있다.

허리의 회전만을 지나치게 의식해 발이나 지르는 팔의 움직임과 타이밍이 맞지 않는 실패 사례

Question

69

정강이로 야구 방망이를 부러뜨리고 얼음 기둥을 깨는 사람은 급소인 정강이를 어떻게 단련한 것일까?

야구 방망이 여러 개를 로 킥으로 부러뜨리고 얼음 기둥 여러 개를 일격에 깨는 숙련자들에게 직접 물어봤다. 그들에 따르면 야구 방망이 한 개를 확실히 부러뜨리기 위해서는 다음 세 가지 조건이 필요했다.

A. 100 kg 이상의 바벨을 짊어지고 스쾃을 할 수 있다.

B. 돌려차기 기술을 충분히 습득했다.

C. 정강이를 단련했다.

A는 발차기를 위한 근육의 파워, B는 그 파워를 활용해서 차는 기술, C는 방망이를 부러뜨리는 충격력을 견뎌낼 수 있는 강한 정강이다. 정강이를 단련하는 방법은 다음과 같다.

① 수건을 여러 장 겹쳐서 정강이에 대고 그 위를 맥주병으로 톡톡 두드린다.

② 익숙해지면 겹친 수건의 장수를 점점 줄인다.

③ 최종적으로는 수건 없이 정강이를 두드려도 통증을 느끼지 않게 된다.

④ 더욱 계속하면 맥주병을 정강이에 내리쳐서 깰 수 있게 된다.

숙련자들의 정강이를 만져 봐도 평범한 사람과 다른 점은 거의 느껴지지 않는다. 그러나 숙련 과정에서 맥주병을 너무 세게 내리쳐서 내출혈을 일으키거나 부어오르는 경우도 있다. 이것을 반복하면 "정강이의 단련된 부분은 겉보기에는 보통 사람과 다르지 않아 보여도 딱딱하고 튼튼해지며 통증도 느끼지 않게 된다."고 한다. 아마 골밀도도 높을 것이다.

스모 선수도 굵은 나무 기둥을 상대로 열심히 박치기 수련을 하는데, 역시 피부 밑에서 내출혈을 반복하는 사이에 점점 시합에서 상대 선수의 머리와 부딪혀도 아무렇지 않은 석두가 되어 간다. 이렇듯 싸움에 적합한 몸을 만들려면 기나긴 노력이 필요하다.

⬆야구 방망이 부러뜨리기나 얼음 기둥 부수기는 오랜 수련으로 강인한 육체를 만들었을 때 가능해진다.
사진: 스사 잇신(須佐一心)

Question
70

체력이 없는 탓인지 좀처럼 강해지지 않는다. 어떡하면 좋을까?

유명한 풀 콘택트 가라테 도장에 입문한 사람에게 직접 들은 이야기다. 그 사람은 첫날 입문생 100여 명과 함께 아주 혹독한 훈련을 받았다. 그리고 완전히 녹초가 된 채로 집으로 돌아와 밤새 죽은 듯이 곯아떨어졌다가 아침에 눈을 떴지만 몸은 여전히 피곤했고 거의 움직일 수가 없었다. 그래도 죽을힘을 다해서 몸을 질질 끌며 도장에 도착했는데, 그날 도장에 온 입문생은 자신을 포함해서 세 명뿐이었다고 한다.

도장에 있는 수련자들은 그런 식으로 선발된 불과 몇 퍼센트의 사람들이었던 것이다. 그럼에도 보디를 단련하기 위해 근육 트레이닝은 물론이고 배트로 서로를 때리거나 바닥에 누워 1 m 높이에서 무릎찍기를 받아내는 등의 맹훈련이 연속되는 가운데 그만두는 사람이 속출했다. 그 사람은 상당히 강해졌지만 나이를 먹으면서 맹훈련을 견뎌낼 수 있을 만큼의 체력이 되지 않자 결국 그만뒀다.

이 도장에서 강해질 수 있는 사람은 유전적으로 골격이 튼튼하고 근육이 잘 생기며 내장 기능(피로 회복력 등)도 우수한 극소수의 사람뿐이다. 독자 여러분이 그런 체질이 아니라면 일정 수준 이상 강해지는 것은 포기하는 수밖에 없다. 그래도 풀 콘택트 가라테가 좋다면 '나름 강해지도록' 취미 수준으로 지도해 주는 도장을 찾는 편이 좋다. 그리고 또 다른 선택지는 상대적으로 체력보다 기술을 중요시하는 다른 격투기나 전통 무술로 갈아타는 것이다. 시합에서 이기기 위한 기술을 배워 좋은 성적을 내고 싶은지, 아니면 규칙과는 무관한 기술(예를 들면 호신술)을 궁리하면서 배움의 기쁨을 맛보고 싶은지 생각해 보는 것도 좋다. 어떤 길을 선택하든 규칙적인 생활, 영양과 수면, 스트레칭 등 건강 관리에도 충분히 주의를 기울이기 바란다.

체력과 트레이닝의 양

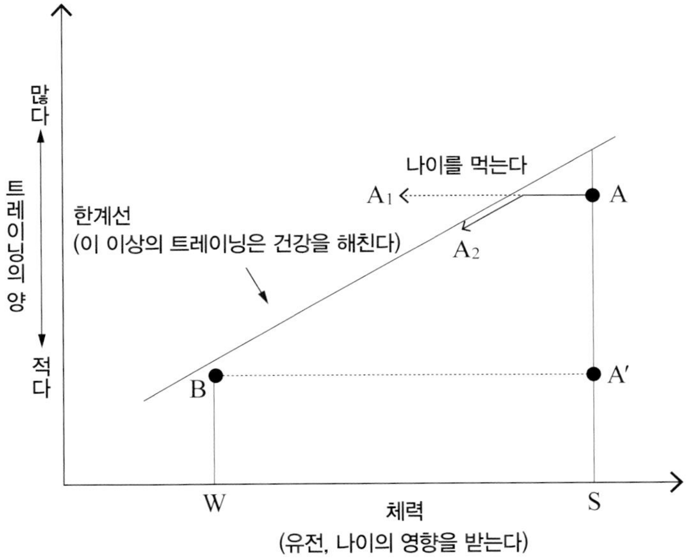

체력이 강한 사람 S에게 A′는 무리가 없는 트레이닝 양이지만, 체력이 약한 사람 W에게 B(= A′)는 한계에 가까운 혹독한 트레이닝 양이다. 그리고 체력이 강한 사람 S도 나이를 먹으면 트레이닝 양 A를 소화해낼 수 없게 된다. 억지로 계속하면 몸이 망가진다(A_1). 이 경우 A_2와 같이 트레이닝의 양을 줄이는 수밖에 없다.

Question
71
가라테에서는 볏짚을 감은 기둥을 쳐서 주먹을 단련하는데, 그렇게 하면 정말 주먹이 강해질까?

비단 주먹에만 적용되는 이야기는 아니지만, 주먹을 목표에 부딪쳐서 충격력이 발생하면 작용 반작용의 법칙에 따라 주먹에도 같은 힘이 작용한다. 단단한 물건을 쳤다가 주먹을 다치는 것은 이 반작용의 힘에 원인이 있다. 예상되는 충격력에 견딜 수 있는 주먹을 만드는 것은 모든 격투기의 필요조건이다.

주먹에 붕대를 감고 글러브를 사용하는 권투 선수는 샌드백을 두들기지 볏짚을 감은 기둥을 치지는 않는다. 소림사 권법에서도 주먹 쥐고 팔굽혀 펴기 정도는 하지만 볏짚을 감은 기둥을 치지는 않는다. 중국 권법의 '철사장'은 사철(砂鐵)을 넣은 주머니를 손바닥이나 손등, 손가락 끝으로 치거나 딱딱한 콩이 들어간 통을 편손끝으로 찌르며 손톱이 빠질 정도로 단련하지만 역시 볏짚을 감은 기둥은 사용하지 않는 것으로 보인다.

가라테의 경우 볏짚 감은 기둥 치기는 유파나 사범에 따라 중요도가 달라진다. 볏짚 감은 기둥 치기를 하면 중수골 등 손의 뼈는 점차 두꺼워지며, 아마 골밀도도 증가해 튼튼해질 것이다. 그리고 권두에 두꺼운 '굳은살'이 생기는데, 이것은 주먹을 단단하게 만드는 것이 아니라 주먹의 뼈(중수골 끝)에 가해지는 힘을 분산시키는 쿠션의 역할을 한다.

Q17에서 설명했지만, 가라테의 지르기는 '보통 걷기'로 날카롭게 내디디며 주먹을 통해 온몸의 운동량을 목표에 전달한다. 이를 위해서는 온몸의 자세, 동체에 대한 주먹의 위치, 손목과 팔꿈치의 각도, 겨드랑이 조이기 등을 올바르게 실천해 목표로부터 돌아오는 반작용을 견뎌낼 수 있는 근력을 순간적으로 내는 훈련이 반드시 필요하다. 볏짚을 감은 기둥을 치는 진짜 목적은 이 훈련을 위해서이지 단순히 주먹 자체를 강하게 만들기 위해서가 아니다.

가라테의 중단 지르기는 온몸의 자세와 수많은 근육의 활동이 동반될 때 위력을 발휘한다.

Question

72

풋워크는 그저 이리저리 깡충깡충 뛰기만 하면 되는 것이 아닌가?

권투 선수의 풋워크라고 하면 언뜻 그저 재빨리 전후좌우로 뛰어다녀서 상대를 현혹시키는 것처럼 생각되지만, 이것은 완전한 오해다.

풋워크의 역할은 다음과 같다.

① 간격(상대와의 거리)의 조정

② 포지션(상대와의 각도)의 조정

먼저 ①을 살펴보면, 타격기에는 각각 상대와의 적절한 간격이 있다. 너무 멀면 닿지 않거나 맞히더라도 팔이 완전히 뻗은 상태라 위력이 나지 않는다. 가령 상대의 키가 클(리치가 길) 때는 상대가 스트레이트 등을 날리기 용이한 위험한 간격을 스텝 인으로 돌파해 자신이 공격하기 용이한 간격으로 뛰어들어야 한다. 벗어날 때도 백스텝으로 재빨리 위험한 간격으로부터 멀어지면 공격을 받지 않을 수 있다.

②의 예로 상대가 라이트 스트레이트를 날렸다고 가정하자. 단순히 뒤로 물러나기만 한다면 상대가 쫓아와서 연타를 날릴 것이다. 그럴 때 가령 왼쪽으로 사이드 스텝을 밟아 스트레이트의 궤도를 피하면서 몸을 왼쪽으로 비틀고 이것을 예비 동작으로 삼아서 레프트 훅을 날리면 상대에게는 까다로운 장소에서의 반격이 된다.

발끔치를 띄우고 발목의 탄성만으로 정신없이 뛰어 다니는 풋워크는 공중에 떠 있는 사이에 아무것도 할 수 없으며 몸이 가라앉은 순간에만 공방의 움직임을 취할 수 있다. 따라서 상대가 공격의 리듬을 읽고 방어하거나 떠오른 순간에 뛰어들면 대응하기가 어렵다. 또한 다리 후리기나 로 킥에 간단히 쓰러진다. 특히 던지기 기술이 허용되는 규칙일 때는 발끔치를 바닥에 확실히 붙이고 하는 풋워크가 효과적이다.

⬆ 사이드 스텝으로 상대의 펀치를 피하는 동시에 공격한다. 자신은 스텝을 밟은 뒤에도 자세가 무너지지 않는 반면에 상대는 헛스윙을 해서 불리한 자세이므로 공격하기가 용이하다.

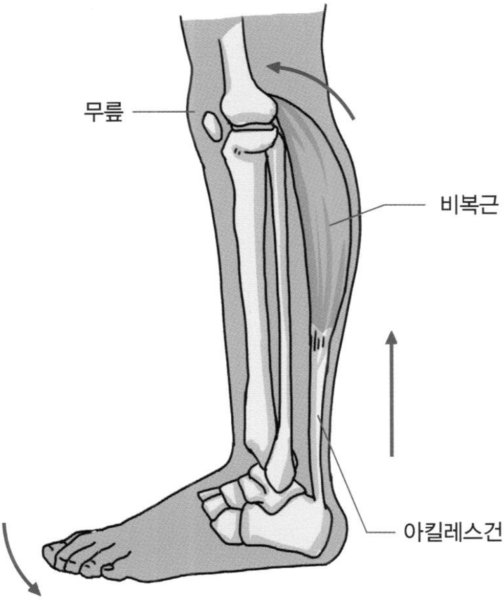

⬆ 무릎을 펴면 아킬레스건이 잡아당겨져 발끝으로 서게 되는 구조이기 때문에 발꿈치를 띄우고 깡충깡충 뛰게 된다.

제 7 장 무기 · 실전의 과학

Question

73

상대의 지르기를 쳐내고 오른 주먹으로 지르는 가라테의 품새를 실전에서도 사용할 수 있을까?

가라테뿐만 아니라 고류 검술 등도 마찬가지라고 할 수 있지만, 기본적으로 품새의 움직임을 실전에서 그대로 사용하기는 어렵다. 품새를 연습하는 목적 중 하나는 그 무술 특유의 합리적인 움직임을 익히는 것이다. 실전에서는 그 움직임을 이용해서 자유롭게 움직이라는 것이다. 특히 가라테는 품새와 거의 똑같은 움직임을 살짝만 바꿔도 실전에서 통용되는 움직임이 된다. 그것을 제자에게조차 쉽게 공개하지 않는 이유는 위험한 기술의 비밀을 지키기 위함이다.

질문의 예도 마찬가지인데, 가령 권투의 재빠른 원투에 대해 제1타를 품새처럼 왼손으로 쳐 올려서 막아내고 오른 주먹으로 내지르려 하면 그전에 텅텅 빈 안면으로 제2타가 날아온다. 그래서 실제로는 막아낸 왼손의 주먹 또는 장저로 상대의 안면을 그대로 공격한다. '받아낸 뒤에 공격'이라는 두 동작이 아니라 '막아낸 손을 그대로 내지르는' 한 동작의 공격이므로 상대의 제2타보다 빠르며 일종의 카운터도 된다. 그리고 상대가 주춤한 순간 강력한 오른 주먹 지르기를 날리는 것이다.

또 다른 응용례는 상대의 주먹을 쳐 올린 왼손으로 머리카락이나 옷을 잡고 끌어당기면서 오른 주먹을 지르는 것이다. 가라테에서는 오른 주먹을 지를 때 왼 주먹을 당기는 것을 중요시하며, 품새에서도 그렇게 움직인다. 왼손으로 잡은 상대를 억지로 끌어당기면서 지르는 것이다. 몸이 앞으로 기운 채로 잡아당겨져서 자세가 무너지므로 방어력이 크게 떨어질 뿐만 아니라 카운터 효과까지 있기 때문에 필살의 일격이 된다.

상대의 주먹을 회전하듯이 바깥쪽으로 쳐내면서 손목을 손목에 걸거나 독특한 형태로 잡아 제2타를 날리지 못하도록 자세를 무너뜨리며 잡아당기는 방법도 있다.

← 손바닥을 상대에게 향하면 손목의 혈관을 베일 위험성이 있다.

→ 손등을 상대에게 향해서 안면을, 팔꿈치로 가슴(특히 심장)을 보호한다. 복부는 정면을 향해서 상대의 찌르기를 유도한다.

↓ 오른손으로 상대의 손목을 위에서 잡고 왼손 또는 전완으로 상대의 팔꿈치를 바깥쪽에서 안쪽으로 누른다.

※ 전완을 잡으면 상대가 나이프를 쥔 손목을 돌려서 벨 위험성이 있다. 삽화처럼 상대의 손에 겹쳐서 나이프의 자루를 쥐는 것이 이상적이다.

Question

76

시합에서는 반칙이 되는 전통 무술(가라테 등)의 기술은 위력이 있을까?

시합에서 금지하는 반칙 기술은 너무 위험해서 선수의 몸이나 생명에 중대한 악영향을 끼치고 보기에도 잔혹해서 사회적으로 용인되기 어려운 기술이다. 반칙 기술을 사용하는 편이 압도적으로 유리해지는 것은 명백하다. 거꾸로 말하면 시합에서는 비교적 안전하고 선수가 단련할 수 있는 장소에 대한 공격만이 허용된다.

전통 무술의 기술은 전부 상대를 효율적으로 쓰러뜨리기 위해 궁리된 '반칙 기술'이라고도 말할 수 있다. 일반적인 시합에서 효과적인 기술, 예를 들어 하이 킥도 고환 차기가 허용되면 과감하게 사용할 수가 없다. 고환이 얼마나 타격에 약한지는 남성이라면 누구나 잘 알고 있을 것이다.

그 밖에 단련하기 어려운 장소는 눈, 목, 후두부, 목덜미의 움푹한 곳 등이 있다. 시험 삼아 손가락 끝으로 목을 가볍게 찔러 보기 바란다. 특히 양쪽 쇄골 사이를 찔렸을 때 괴로울 것이다. 경동맥을 누르듯이 목을 사이에 끼워도 괴로울 것이다. 또 목을 여러 방향에서 수도로 가볍게 쳐 보기 바란다. 맞은 부분이 괴로울 뿐만 아니라 머리가 쿵 하고 울리며 아찔해질 것이다. 단련한 손가락 끝인 편손끝이나 수도, 때로는 팔꿈치로 이들 부분을 공격당하면 문자 그대로 일격 필살의 데미지를 입을 것이다.

그 밖에 무릎을 정면에서 족도(발의 모서리)로 차서 꺾는 기술도 있고, 벨트 라인보다 밑의 복부에서 한가운데의 복직근이 없는 옆쪽을 앞차기로 밀어내듯이 차면 커다란 데미지를 입는다. 너무나 위험하기 때문에 자세히는 쓰지 않지만, 골반 하부 앞쪽의 구조적인 결함을 노려서 파괴하는 무서운 기술도 있다. 규칙이 있는 시합을 즐길 수 있는 것은 평화로운 세상이기 때문이다.

⬆앞차기를 막으면서 고환을 공격해 뒤로 날려 버리는 중국 무술

⬆소림사 권법의 손등치기

⬆이 자세에서 팔꿈치치기는 말 그대로 일격에 상대를 쓰러뜨린다.

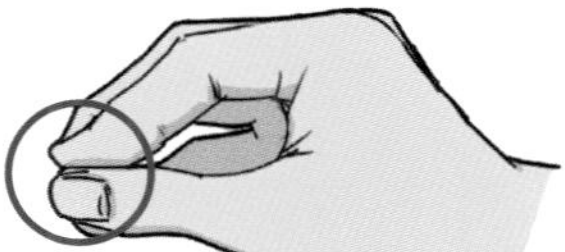

⬆계구. 눈, 목 등 부드러운 급소에 박아 넣는다.

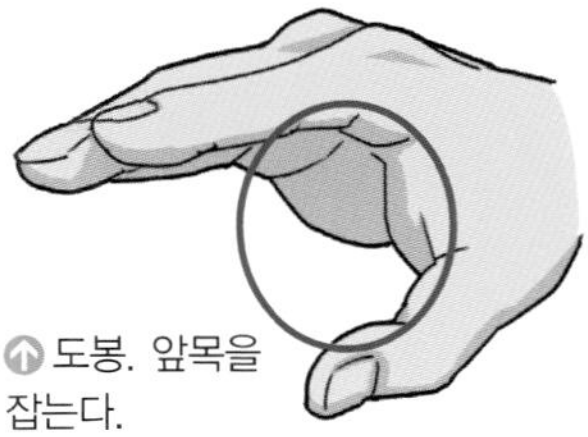

⬆도봉. 앞목을 잡는다.

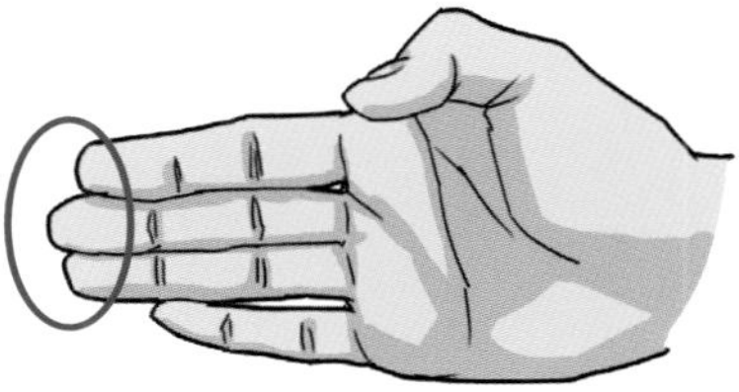

⬆편손끝. 작은 급소를 단련된 손가락 끝으로 찌른다.

Question 77

혼자서 여러 명과 싸우는 방법이 있을까?

일본의 유술가가 브라질에 전래해 발달한 그레이시 유술이 최강의 격투기로 불리던 시절이 있었다. 그레이시 유술의 기술 체계는 주변 사람들이 관여하지 않는 1 대 1의 싸움을 전제로 한다. 시합 형식에 맞춰서 기술 체계를 궁리한 일반적인 격투기는 기본적으로 1 대 1을 가정하므로 다수를 상대로는 사용하기 어려울 것이다.

고류 무술의 경우는 당연한 말이지만 다수 상대와 싸우는 방법이 연구되어 있다. 한번은 태극권의 달인을 대학 도장에 초빙해 나를 포함한 무술 애호가 세 명이 주위를 둘러싸고 일제히 공격한 적이 있다. 그러자 달인은 내 눈앞으로 쓱 다가오더니 갑자기 시야에서 사라졌다. 그리고 스쳐 지나가면서 내 급소를 공격했다. 만약 실전이었다면 나는 그 일격에 쓰러졌을 것이다.

달인은 수십 명에게 둘러싸였을 때 십 수 명을 단시간에 쓰러뜨리고 도망친 적이 있다고 하는데, 그 경험담을 바탕으로 여러 명과 싸우는 방법을 해설하겠다. 먼저, 둘러싼 상대의 위치 관계를 파악해 포위망을 돌파하기 쉬운 방향을 찾아낸다. 그리고 그 방향에 있는 상대에게 쓱 다가가 먼저 손을 내밀게 한 다음 카운터 공격으로 일격에 쓰러뜨린다. 또 이 상대의 몸을 다음 공격에 방해가 되는 위치로 쓰러뜨리거나 쓰러지는 몸을 방패로 삼으면 동시에 여러 상대로부터 공격받지 않는다고 한다.

이것은 달인이기에 가능한 방법이지만, 조금은 흉내 낼 수 있다. 상대가 두 명인데 한 명은 자신과 같은 수준이지만 다른 한 명은 자신보다 약함을 간파했다고 가정하자. 그럴 때는 약한 쪽을 일격에 쓰러뜨려서 강한 쪽과 1 대 1의 구도로 몰고 갈 수도 있다. 만약 일격에 쓰러뜨릴 자신이 없다면 질 것이 빤한 싸움을 피하는 것이 최선이다.

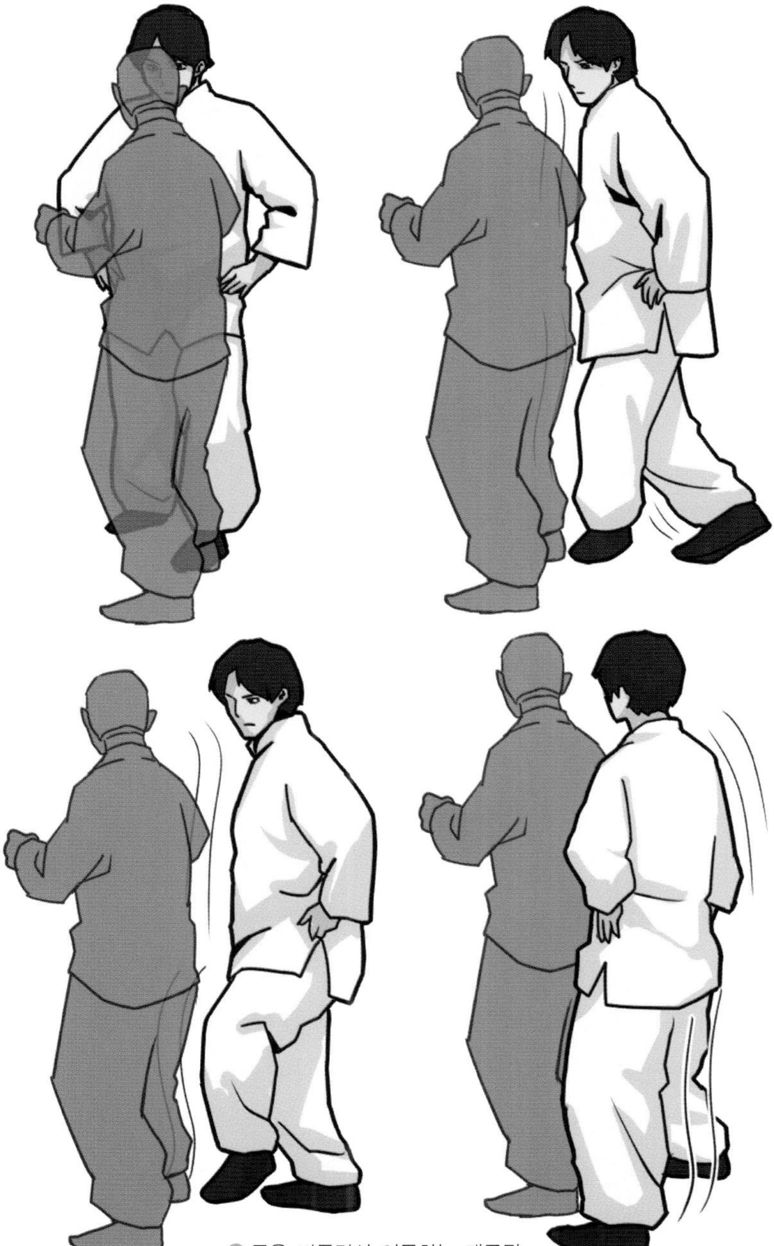

⬆ 몸을 비틀면서 이동하는 태극권의 보법(이케다 히데유키 사범)

Question

78

생초보가 숙련자에게 이길 가능성이 있을까?

초보자가 숙련자와 똑같이 맨손이라는 조건에서 승리하는 것은 일단 무리다. 다만 가령 몸집이 작은 스포츠 가라테 선수나 권투 선수가 우락부락한 럭비 선수와 대결한다고 가정하자. 일반적으로 타격 계열의 선수는 펀치나 킥은 잘 피해도 기세 좋게 머리부터 돌진해 들어오는 상대를 피하는 데는 익숙하지 않다. 한편 럭비 선수는 항상 공을 들고 도망치는 상대를 붙잡는 훈련을 한다.

결국 붙잡히기 전에 타격 기술을 구사해야 하는데, 고작해야 한두 방 정도 날릴 기회밖에 없다. 그런데 럭비 선수는 목이 굵어서 뇌에 데미지가 잘 전달되지 않으며 흥분 상태에서는 이가 부러지든 코피가 나든 통증도 느끼지 않기 때문에 전의를 상실하지 않는다. 서로 부둥켜안고 바닥에 뒹군 뒤의 잡기 기술은 양쪽 모두 초보자이므로 체력이 더 좋은 럭비 선수가 이길 것이다.

다만 럭비 선수는 초보자라고 부를 수 없을지도 모른다. 그렇다면 나이프를 든 초보자와 일본도를 든 검술 숙련자는 어떨까? 물론 대부분의 경우는 숙련자의 승리다. 그러나 숙련자에게도 함정이 있다. 아무것도 모르는 초보자는 '불리해질 뿐이므로 숙련자라면 절대 하지 않을' 행동을 할지도 모르기 때문이다. 가령 맨손으로 검신을 잡아 자유를 빼앗고 나이프로 찌른다면 피할 수 없을지도 모른다. 손에 심한 상처를 입으므로 검신을 잡을 리가 없다는 믿음의 빈틈을 찔리는 것이다.

또 한 권법의 달인에게 경험담을 들은 적이 있는데, 초보자 집단을 상대할 때 멱살을 잡은 한 명을 일격에 기절시켰다가 멱살을 잡은 상대의 손이 경직된 채 쓰러져서 같이 앞으로 넘어지는 바람에 상대의 동료들에게 당했다고 한다.

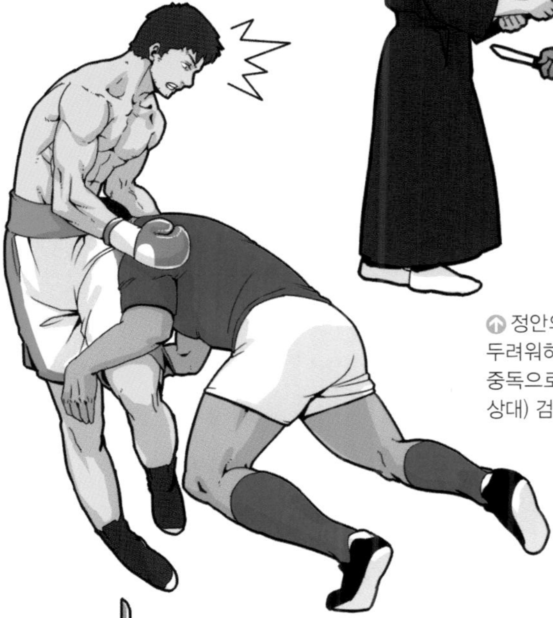

정안의 겨눔세는 상대가 큰 부상을 두려워하지 않을 경우(예를 들어 약물 중독으로 정상적인 판단 능력을 잃은 상대) 검신을 잡힐 위험성이 있다.

몸집이 큰 럭비 선수가 몸집이 작은 권투 선수에게 태클을 걸면 대응하기 어렵다.

오른쪽부터 하단, 옆구리겨눔, 팔상의 겨눔세. 이런 겨눔세는 검을 잡히지 않는다.

Question

79

맨손으로 나이프와 싸우는 것은 무리이지만, 간단한 무기로 대항하는 방법은 없을까?

길이 30~40 cm, 무게 100~200 g 정도의 짧은 막대가 있다면 이상적이지만, 주간지나 팸플릿을 단단히 감은 것으로도 충분히 대용할 수 있다. 종이도 재료는 나무이므로 단단하게 감으면 막대에 가까운 위력이 있다.

찌르려고 들어오는 나이프를 이 막대로 쳐내서 방어할 수 있고, 얼굴(눈이나 코) 또는 고환을 가격하면 상당한 데미지를 줄 수도 있다.

틈을 봐서 나이프를 쥔 손목과 가까운 전완, 특히 엄지손가락 쪽의 요골을 치면 일순간 손이 마비되어 나이프를 떨어뜨릴 것이다. 다만 요골을 칠 때는 다음과 같은 요령이 있다.

막대를 꽉 쥐고 쳐서는 그다지 강한 위력이 나오지 않는다. 손목을 부드럽게 유지하며 가볍게 쥐고(①), 망치로 못을 박듯이 내려친다. 이러는 편이 막대의 속력을 크게 높일 수 있기 때문이다. 익숙해지면 일단 들어 올렸다가 내려치는 것이 아니라 손목과 전완의 비틀림을 이용해 막대를 세로 방향으로 회전시킨다(②).

손목을 어떻게 사용하느냐에 따라 막대를 전완의 바깥쪽으로 돌릴 수도 있고 안쪽으로 돌릴 수도 있다(③, ②′). 이때 막대를 쥔 팔 전체는 거의 움직이지 않기 때문에 상대가 눈치 채기 어렵고, 게다가 움직임이 빨라진다. 이렇게 해서 막대가 상대를 치는 순간 엄지손가락 쪽을 내지르듯이 손목을 새끼손가락 쪽으로 강하게 굽히면서 막대를 꽉 쥐면 막대가 급가속해 고속으로 목표를 맞힌다(④). 일격으로 부족하다면 같은 동작으로 얼마든지 두들길 수 있다.

나이프를 떨어뜨린 상대가 달라붙으려 할 때는 막대를 꽉 쥐고 새끼손가락 쪽의 살짝 튀어나온 부분으로 상대의 목을 찌르면 상당한 데미지를 줄 수 있다.

①막대를 느슨하게 잡고 겨눈다.

②손목을 회내시키면서 막대의 무게도 이용해 아래로 돌린다.

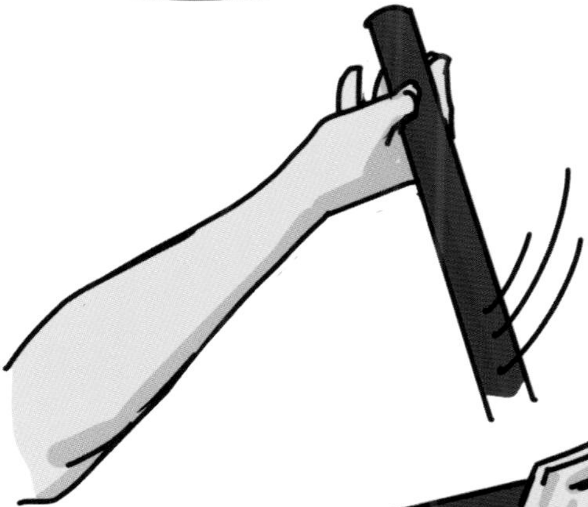

②'손목을 회외시켜서 막대가 전완의 바깥쪽을 지나가도록 휘두를 수도 있다.

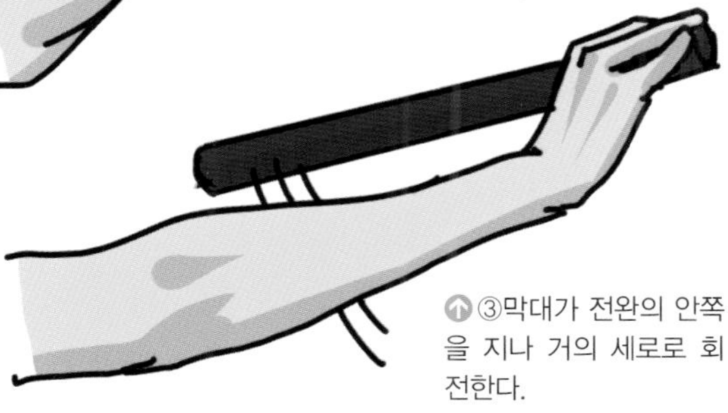

③막대가 전완의 안쪽을 지나 거의 세로로 회전한다.

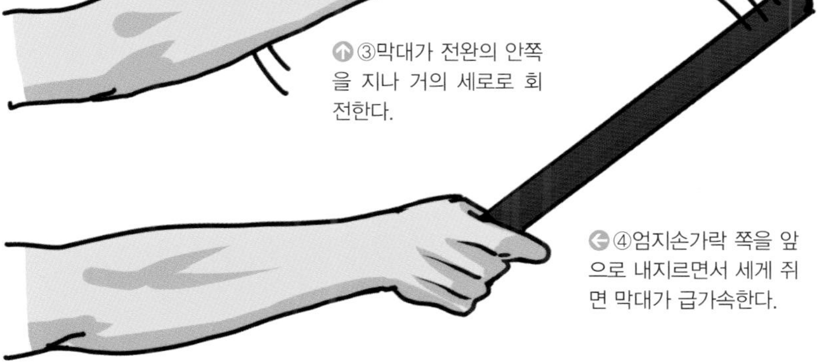

④엄지손가락 쪽을 앞으로 내지르면서 세게 쥐면 막대가 급가속한다.

Question
80

'검도 3배단'이라는 말을 들은 적이 있는데, 정말 검도가 그렇게 강한가?

3배단이란 검도 2단이라면 맨손 격투기의 6단과 맞먹는 전투력이 있다는 의미다. 무기가 죽도라면 목 등을 찌르는 공격이 아닌 이상 얻어맞더라도 그다지 데미지가 크지 않으므로 전투력이 높아지지 않지만, 사용법을 익힌 검도가가 진검을 들면 맨손을 상대로는 거의 무적이다. 여기에서는 무기가 목검일 경우를 생각해 보자.

3배단의 첫 번째 이유는 목검의 충격력이다. 가라테의 상급자가 아니면 깰 수 없는 블록이나 벽돌도 목검으로 두들기면 쉽게 깨진다. 즉 단단한 목표에 대해 목검은 커다란 충격력을 발생시키므로 절대적인 위력을 발휘하는 것이다. 머리 · 팔(특히 손목 부근), 정강이, 무릎 등 근육으로 덮여 있지 않은 부위를 목검으로 가격당하면 뼈가 부러져 그 시점에 승부가 결정되고 만다. 또한 근육이 얇은 목과 명치, 늑골 하부를 찔리거나 얻어맞아도 큰 타격을 입을 것이다.

또 한 가지 이유는 목검이 지르기나 차기를 하는 손발과는 전혀 다른 식으로 움직이기 때문에 움직임을 읽기가 거의 불가능하다는 점이다. 검도가는 야구 방망이나 테니스 라켓처럼 크게 휘두르는 것이 아니라 온몸의 힘을 교묘히 양손에 전달해서 목검을 조작한다. 아마도 상대는 거의 움직이지 않는데 갑자기 목검이 마치 살아 있기라도 한 듯이 날아올 것이다.

내 경험에 따르면 숙련자의 검 뽑기는 아무리 뚫어져라 바라봐도 언제 뽑았는지 전혀 알 수 없으며, 뽑은 뒤의 움직임도 거의 보이지 않는다. 눈치를 챘을 때는 이미 눈앞에 진검(목검보다 무겁다)이 와 있어서 등줄기가 서늘해졌다. 타격 계열 격투기의 숙련자라고 해도 자신이 검도에 숙달되어 있지 않은 한 진검보다 가볍고 다루기 쉬운 목검의 움직임을 읽고 대응하기는 어려울 것이다.

①이렇게 겨누면 찌르기가 있으므로 다가갈 수 없다.

②팔이 조금 올라갔는가 싶더니……

③목검을 빙글 돌려서

④내려친다.

Question

81

목검 사용법을 익힌 상대에게 어떻게 맞서야 할까?

타격 계열 격투기를 익힌 사람이 목검을 앞에 뒀을 때 먼저 당황하는 것이 먼 간격이다. 지르기나 차기가 닿는 거리로 발을 내딛기 전에 목검이 날아온다. 그런가 하면 고류 검술에는 칼을 뒤로 향하는 '옆구리겨눔※'도 있다. 언뜻 무방비해 보여서 달려들면 목검이 위에서 머리로, 혹은 아래에서 원호를 그리며 고간을 노린다. 목검의 끝을 한손으로 잡을 수도 있으며, 이 경우 양손으로 잡을 때보다 멀리까지 닿는다. 제1격을 피하더라도 금방 다음 공격이 날아온다.

결국 **자신도 검도(검술)를 해서 목검으로 공격하는 방법을 몸으로 익히는 것이 필요조건**이라고 할 수 있다. 목검을 휘두르는 상대가 몸을 쓰는 방식이나 목검의 움직임에 보이게 되면 맨손으로도 어떻게든 대처할 방법을 발견할지 모른다.

상단에서 곧바로 두부를 내려칠 때의 대처법을 생각해 보자. 검술에서는 오른발을 오른쪽 앞으로 내디뎌 칼의 궤도의(자신이 봤을 때) 오른쪽으로 피하면서 오른손으로 허리에 찬 와키자시(짧은 칼)를 닌자처럼 거꾸로 잡고 뽑아 날아오는 칼을 미끄러뜨리듯이 받아낸다. 여기에 익숙해지면 와키자시가 없어도 거의 같은 동작으로 아슬아슬하게 피하면서 그대로 칼을 낚아챌 수도 있다. 이 기술의 요령은 상대가 확실히 '두부를 쳤다.'고 생각할 정도의 타이밍까지 기다리는 것이다. 일찍 움직이기 시작하거나 크게 움직이며 피하면 상대가 금방 목검의 궤도를 수정하기 때문에 실패한다.

또 다른 대처법은 다소의 데미지를 각오하고 근육이 두꺼운 어깨나 등으로 목검을 받아내면서 그대로 달라붙는 것이다. 다만 현대 검도라면 몰라도 고류 검술가는 접근전에도 강하므로 안심할 수 없다. 역시 '검도 3배단'은 사실이라고 할 수 있다.

상단에서 수직으로 내려오는 목검을 거꾸로 잡은 와키자시로 아슬아슬하게 받아넘긴다. 상대의 목을 벤다는 생각으로

와키자시가 없어도 같은 움직임으로 피할 수 있다.

이렇게 되면 목검을 잡아챌 수 있으며 공격도 가능하다.

* 고노 요시노리 씨의 수련회 지도를 참고로 작성

※ Q78의 오른쪽 아래 삽화를 참조.

Question

82

고류 가라테나 중국 권법보다 풀 콘택트 가라테나 무에타이의 돌려차기가 더 강하지 않을까?

어느 중국 권법 수행자가 한숨을 쉬며 내게 “우리 유파의 차기는 무릎을 편 채로 차는 경우가 많은데, 왜 그렇게 위력이 없을까?”라고 말한 적이 있다. 또 무릎의 스냅을 이용한 차기를 방어구 없이 맨몸으로 맞아도 태연하던 사람이 노파심에 얇은 방어구를 착용하고 킥복서(킥복싱은 무에타이의 일본판)와 대전했다가 미들 킥 한 방에 다운을 당했다는 이야기도 있다. 실제로 내 측정에서도 킥복서의 로 킥의 충격력은 나무 방망이로 있는 힘껏 때리는(최댓값 약 840 kgw) 것보다 훨씬 강하다(약 1,200 kgw)는 결과가 나왔다.

킥복서는 격파 시범을 하지 않는다. 시합에서 강해지는 것과는 상관이 없는 ‘무의미한 행동’이라고 생각하는 것이리라. 그러나 시험 삼아 도전해 보게 하면 가라테 선수 못지않은 실력을 발휘한다고 한다.

나도 차기의 충격력은 무에타이가 최고급이라고 생각한다. 그러나 무에타이의 차기가 실전에서도 ‘최강’이라고는 말할 수 없다. 무에타이에는 규칙이 있지만 중국 권법이나 가라테(고류)는 규칙이 없기 때문이다. 가라테의 앞차기는 무엇보다 먼저 고환을 노린다. 그렇기 때문에 고간이 무방비가 되는 하이 킥을 날릴 수가 없다. 중국 권법도 상대를 잡고 앞으로 쓰러뜨리면서 안면을 아래에서 올려 찬다. 품새에서 발뒤꿈치가 자신의 머리 위로 올라오도록 발차기를 하는 것은 기세 좋게 차기 위한 훈련이다.

가라테나 중국 권법도 상대를 붙잡고 중심을 무너뜨리는 등의 공방 속에서 발뒤꿈치로 무릎을 밟듯이 차거나 무릎으로 상대의 무릎을 뒤나 옆에서 ‘무릎 장난’과 같은 형태로 공격한다. 차는 각도에 따라서는 로 킥에 맞았을 때보다 무릎 관절이 더 심한 손상을 입는다. 무에타이의 돌려차기는 규칙이 있을 때 강한 차기인 것이다.

옆구리에 박히는 미들 킥. 무에타이의 돌려차기는 마지막까지 무릎이 움직이며 정강이 전체가 배트처럼 움직인다. 정강이의 중앙 부근을 맞히면 정강이와 넓적다리의 운동량도 전달되어 묵직한 차기가 된다.

가라테의 발차기는 고환을 노리기 때문에 섣불리 하이 킥을 하면 무방비 상태가 된 고간을 공격당한다.

Question

83

그렇기는 하지만 무에타이나 풀 콘택트 가라테의 돌려차기는 실전에서도 효과가 있지 않을까?

숙련자의 빠르고 강력한 돌려차기는 타격 기술만으로 싸울 경우나 상대가 타격 기술에 익숙하지 않을 경우 매우 효과적이다.

단련된 정강이 뼈(경골)를 전완으로 잘못 받아내면 거의 뼈가 부러진다. 또한 몸이 닿을 정도의 지근거리에서도 하이 킥이 날아온다. 자신의 몸이나 팔이 시야를 차단하기 때문에 눈치 채기가 어려우며, 제대로 맞으면 일격에 다운을 당한다. 로 킥에 제대로 맞으면 야구 방망이로 얻어맞은 것 이상의 충격에 발을 움직일 수 없게 된다. 미들 킥도 무릎차기와 비슷한 자세로 정강이의 중앙 부근을 사용해서 가격하는 유형은 매우 충격량이 커서 마치 무거운 야구 방망이로 얻어맞은 듯이 보디에 깊게 박힐 것이다.

다만 이렇게 강력한 돌려차기도 실전의 상황에 따라서는 약점이 있다. 구체적으로는 복장과 싸우는 장소다.

돌려차기에는 유연한 고관절의 움직임이 필수다. 꽉 끼는 청바지를 입고 주머니에 지갑이나 열쇠 등이 잔뜩 들어 있다면 아무리 하이 킥에 자신이 있더라도 움직임이 제한되어 차는 발이 올라가지 않거나 평소의 속도가 나오지 않아 위력이 약화될 것이다.

싸우는 장소의 경우, 음식점 안을 예로 들면 돌려차기를 하려고 해도 주위에 빽빽하게 놓여 있는 의자와 테이블이 방해가 된다. 또한 좁은 복도에서 상대가(자신이 봤을 때) 오른쪽 벽에 몸을 붙이면 오른발 킥은 날릴 수 없게 된다. 상대가 구석으로 도망치면 양쪽 킥 모두 날리기가 어려워진다.

그리고 비단 돌려차기에만 해당되는 이야기는 아니지만, 지면이나 바닥이 미끄러우면 넘어질 것이 우려되어 과감한 발차기를 할 수가 없다. 격투기의 화려한 킥도 링이라는 움직이기 수월한 공간과 발을 디딜 곳이 보장되어 있을 때 위력을 발휘하는 것이다.

➲ 발을 180도 가까이 벌리는 하이 킥은 상대와 가까운 위치에서도 사용할 수 있는 강력한 무기다.

➲ 좁은 음식점 안이나 복도, 구석 등에서는 돌려차기를 하기가 어렵다.

Question
84

K-1에서는 상단 돌려차기를 팔로 방어하는데, 다른 무술에서는 어떻게 대응할까?

돌려차기뿐만 아니라 어떤 차기든 간에 차는 발의 기세가 강해진 타이밍에 막는 것은 가장 좋지 않은 방어법이다. 무릎 관절이 180도 이상은 펴지지 않음에 주의하자. 무릎의 스냅을 사용하는 차기의 경우는 충돌하기 조금 전부터 무릎 자체의 움직임이 완전히 멈춘다. 따라서 무릎이 향하는 방향보다 조금만 멀어져도 차는 발은 닿지 않는다. 무에타이처럼 발 전체가 도는 발차기도 역시 무릎이 움직이는 방향으로부터 멀어지도록 피하면 차는 발의 기세가 약해진 뒤에 맞게 된다.

K-1에서 돌려차기에 대처하는 방법은 지금 이야기한 원리에 따라 기세가 약해진 시점에 팔로 받아내는 것이다. 그리고 이것을 응용해 속도가 떨어진 차는 발을 껴안고 축발을 후려차서 쓰러뜨리는 장면도 종종 볼 수 있다. 엄밀히는 반칙이며 점수도 인정되지 않지만, 관객의 눈에는 위력이 없는 발차기를 했다가 잡혀서 당한 것처럼 보인다.

다음에는 그 실전판을 소개하겠다. 규칙이 없는 실전에서는 쓰러지면 곧 패배로 이어진다. 실전에서도 차는 발이 닿지 않는, 혹은 닿더라도 기세가 떨어지는 위치로 이동하는 것이 기본이다. 차는 발을 껴안았으면 203쪽 삽화처럼 목에 수도치기를 하는 등 데미지를 입힌 다음 던져서 쓰러뜨린다. 던지는 도중에 타격기로 가격할 수도 있다. 그럴 경우 상대는 전혀 방어할 수가 없기 때문에 큰 데미지가 된다.

205쪽 위의 삽화는 역시 차는 발이 닿기 어려운 위치로 이동하면서 팔꿈치로 차는 발의 무릎을 블록했다. 이렇게 하면 차기는 절대 닿지 않는다. 기세가 약해진 차는 발을 쳐서 떨어뜨리면서 내디딘 앞발의 무릎을 상대의 축발에 맞혀 뒤로 쓰러뜨린다. 이때도 상대의 자세에 따라서는 고환에 장저치기를 가할 수 있다.

➔차는 발을 피하고 종이 면 안쪽 방향으로 이동한 뒤에 기세가 약해진 차는 발을 껴안고 목에 수도를 날린다.

←그대로 던져서 쓰러뜨려도 좋다.

이러한 실전판에서는 상대가 후두부부터 지면에 떨어지도록 유도할 수도 있다. 상대가 그 직전의 타격기로 의식이 몽롱해졌고 바닥이 콘크리트나 대리석이라면 목숨에 위험할 수도 있는 데미지를 받을 것이다.

205쪽 위쪽 삽화의 응용으로 축발의 무릎을 꺾듯이 무릎을 누르는 각도를 바꾸거나 붙잡은 발의 무릎을 꺾는 형태로 비틀어서 접으면서 쓰러뜨리는 기술도 있다.

돌려차기에 대해서는 무릎이 완전히 뻗은 위치보다 더욱 안전한 피신처가 있다. 그것은 205쪽 아래의 삽화처럼 하이 킥에 대해 축발 근처로 몸을 가라앉히는 것이다. 차는 발은 축발을 중심으로 회전하기 때문에 회전축에 가깝고 속도가 빠르지 않은 넓적다리에 맞으면 전혀 데미지를 받지 않는다.

다만 정면을 향한 채로 직선으로 뛰어드는 것은 무모하다. 모든 유파의 돌려차기는 타격 직전에 무릎을 이쪽의 정면으로 내지르는 형태가 된다. 따라서 직선으로 뛰어들면 그 무릎에 얻어맞고 만다. 그러므로 일단 상체를 오른쪽으로 비틀어서 완전히 측면을 향함으로써 정면충돌을 피하면서 삽화처럼 뛰어든다.

만에 하나 차는 발의 무릎 등이 타격에 약한 후두부를 가격할 경우의 대비책도 겸해 팔꿈치를 굽혀 후두부를 방어하면서 상대의 하복부를 팔꿈치로 지른다. 온몸으로 달려드는 기세가 실린 팔꿈치 지르기이므로 상대는 큰 데미지를 받고 후방으로 날아가듯이 쓰러진다. 참고로 이런 기술은 차기의 타이밍이나 궤도를 정확히 간파해낼 수 있는 사람만이 쓸 수 있다. 무턱대고 차는 발을 잡으려 하다가는 카운터 돌려차기의 공포를 맛보게 된다.

➲차는 발을 피하고 종이 면 안쪽 방향으로 이동한 뒤에 팔꿈치로 차는 발의 넓적다리를 블록한다.

➲하이 킥에 대해 몸을 가라앉히면서 전진한다. 차는 발의 무릎에 부딪히지 않도록 몸을 오른쪽으로 비틀며 들어간다. 가드를 겸한 왼팔의 팔꿈치로 상대의 하복부를 질러 쓰러뜨린다.

Question
85 아이키도나 태극권은 무술이라기보다 춤처럼 보이기도 하는데, 실전에서 쓸모가 있을까?

아이키도나 태극권은 움직임이 우아하고 미용과 건강을 위해 배우는 여성도 많기 때문에 이런 의문이 생겨날 것이다. 결론부터 말하면, 실전에 대한 생각 없이 아이키도의 기본 품새나 태극권의 '투로(일련의 신체 동작)'의 표면적인 움직임만을 반복해서는 평생이 가도 강해질 수 없을 것이다.

그러나 그 움직임의 무술적 본질에 통달한 스승 밑에서 제대로 수련을 쌓으면 스포츠 격투기에는 없는 무서운 실력의 소유자가 될 수도 있다.

어떤 수련회에서 오랫동안 '무술로서 아이키도'를 익혀 왔다는 사람이 오른손으로 내 오른손목을 잡더니 내 가슴에 밀어붙였다. 나는 '잘 걸렸다.' 싶어 관절기로 반격을 시도했지만 팔을 빼지도 관절기를 성공시키지도 못했고, 오른손은 계속 가슴에 붙어 있는 상태로 움직일 수조차 없었다. 아마도 반격에 필요한 몸놀림을 오른손만으로 봉쇄한 것이리라.

아이키도의 시조인 우에시바 모리헤이는 일본의 권투 챔피언이었던 피스톤 호리구치의 스트레이트를 맨손으로 간단히 움켜쥐었고, 그의 고족제자인 시오다 고조는 미국 요인의 힘센 보디가드를 순식간에 제압한 것으로 유명하다.

하이 킥을 잘하는 사람이 태극권의 사범을 '일격에 KO시킬' 생각으로 도전했는데 정신을 차려 보니 자신이 KO당한 뒤였고 어떻게 쓰러졌는지도 알지 못했다는 이야기를 몇 번 들었다. 아이키도나 태극권은 무기를 든 상대와도 싸울 수 있도록 무규칙을 전제로 고안된 강한 무술이다. 다만 강해지려면 확실한 스승 밑에서 다년간 진지한 수련을 쌓아야 한다.

①이런 식으로 손목을 잡고 밀어붙이면……

②즉시 손목을 풀거나

③상대의 손목을 제압해 반격할 수 있다.

Question
86 아이키도나 태극권 같은 전통 무술이 강한 비밀은 무엇일까?

스포츠 격투기는 금지 기술 등이 존재하는 규칙을 바탕으로 효과적인 체계를 만들어냈다. 한편 전통 무술은 상대가 칼을 들었거나 여러 명이어도 대응할 수 있도록 금지 기술이 일체 없다는 조건 아래 고안됐다. 그래서 어떤 스포츠 격투기를 상대하든 그 종목의 '반칙 기술'을 사용하면 크게 유리해진다. 유도에서 한쪽에만 타격기를 허용하거나 권투에서 한쪽에만 던지기 기술을 허용하는 경우를 상상해 보면 명백히 알 수 있다.

전통 무술의 또 한 가지 큰 특징은 단순히 근력이나 스피드를 높이는 것이 아니라 스포츠 격투기와는 '몸을 사용하는 방법이 질적으로 다르다.'는 점이다. 자세히 설명하기에는 지면이 부족하므로 한 가지만 예를 들면, '중심 무너뜨리기'의 요소가 유도와는 질적으로 다르다.

유도의 '중심 무너뜨리기'는 상대에게 여러 방향의 힘을 가해서 균형을 무너뜨린다. 상대는 알면서도 힘에서 밀리거나 갑자기 방향이 바뀌기 때문에 완벽히 대응하지 못해 중심이 무너진다. 그러나 전통 무술의 무너뜨리기는 자신의 중심이 무너지고 있음을 전혀 알지 못한다. 예를 들어 유도 등으로 단련한 사람이 몸집이 작은 전통 무술의 사범과 서로 어깨를 맞대고 힘 싸움을 한다고 가정하자. 어째서인지 기대했던 반응이 나오지 않고, 영문도 모른 채 몸이 비틀거리다 정신을 차렸을 때는 이미 쓰러졌거나 타격기를 얻어맞은 뒤다. 단련된 근력과 파워를 완전히 봉인당하는 것이다.

나는 이런 경험을 한 적이 있다. 어떤 고령의 사범의 손목을 힘껏 붙잡았는데, 사범이 손을 풀거나 역술기를 걸지도 않고 그저 손을 쓱 들어올리기만 했음에도 붙잡은 손에 '엄청난 힘'을 느끼며 후방으로 날아가 버렸다. 그러나 사범은 "지금은 수술 직후가 힘이 안 나네요."라며 씁쓸한 표정으로 말했다. 이것은 일본 전통 무술의 중심 무너뜨리기였다.

손목을 잡은 순간 이미 중심이 무너졌다.

뒤로 날아가 버린다.

Question 87

과연 최강 격투기는 무엇일까? 기왕이면 최강의 격투기를 배우고 싶다

내가 어렸을 때 최강의 히어로는 스가타 산시로였다. 산시로는 메이지 시대에 고도칸(講道館) 유도의 달인이었던 사이고 시로를 모델로 삼은 소설의 주인공으로, 몇 차례 영화로도 만들어졌다. 산시로는 미국인이 최강의 격투기라고 믿었던 권투에 승리했고, 일격 필살의 무서운 격투기로 그려진 가라테에도 이겼다. 그 후 극진 회관의 창립자인 오야마 마스타쓰 씨를 주인공으로 한 영화 '가라테 바보 일대'가 인기를 모으면서 대부분의 일본인이 가라테, 그것도 극진 가라테야말로 최강의 격투기라고 생각하게 됐다. 그 후에도 풀 콘택트 가라테, 무에타이 등 타격 계열 격투기를 최강으로 여기는 시대가 계속됐다.

나도 '스모 최강론'을 외친 적이 있는데, 던지기나 잡기, 박치기 등을 금지하는 '규칙을 전제로 한 기술 체계'인 '스포츠적 타격 계열 격투기를 최강으로 숭배하는 풍조'에 문제를 제기하려는 것이 본심이었다. 또 스모가 최강이 아니라 체격과 소질이 뛰어난 스모 선수가 강하다는 것도 강조했다.

요코즈나였던 아케보노가 K-1에서 승리를 거두지 못했기 때문에 스모 최강론은 비판을 받았다. 그러나 '정해진 규칙이 있는 K-1'이라는 점에서 같은 논리를 적용한다면 K-1의 선수가 스모의 규칙, 적어도 스모 선수가 스모의 기술을 전부 사용할 수 있는 규칙으로 아케보노나 하쿠호에게 이기지 못하는 한 K-1이 스모보다 강하다고는 말할 수 없어야 한다.

다시 본론으로 돌아가면, 1970년대의 미국에서는 '쿵후'라는 텔레비전 드라마가 인기를 끌면서 주먹만으로 싸우는 격투기는 최강이 될 수 없다는 생각이 퍼진 모양이다. 이 드라마의 원안을 만든 이소룡은 '용쟁호투' 등 여러 편의 영화 속에서 화려한 발차기 기술의 위력을 각인시켰고, 그 결과 펀치와 킥을 사용한 격투기가 최강이라는 신화가 계속됐다.

K-1에서 활약한 세미 슐츠 선수. 풀 콘택트 가라테와 무에타이 등 타격 계열 격투기의 전성시대가 있었다. 사진: 지지통신

이 신화를 뒤엎은 사람이 일본에서 전해진 유술을 독자적으로 발전시킨 그레이시 유술을 대표하는 힉슨 그레이시였다. 타격 계열뿐만 아니라 그래플링 계열의 선수도 그라운드 기술의 수렁으로 끌어들여 차례차례 승리를 거둠으로써 격투기의 세계에 커다란 충격을 줬다. 한때는 "그레이시 유술이야말로 최강이다."라는 목소리도 높았지만, 유도 출신의 요시다 히데히코 등에게 완벽하게 승리했다고는 말할 수 없다.

이런 역사를 되돌아보면 어떤 격투기기가 최강이라고는 결정할 수 없다. 설령 무규칙이라 해도 실전에서는 싸움의 상황이 천차만별이다. 각 상황별로 최강의 격투기가 따로 있다고까지 말할 수 있다.

가령 그레이시 유술로 한 명을 그라운드 기술에 끌어들였더라도 상대에게 동료가 있다면 당할 수밖에 없다. 맨손을 전제로 한 격투기는 칼을 든 상대에게 고전할 것이다. 실제로 나이프를 든 범인을 체포할 때, 유도 경험이 있는 경찰관은 치명상이 될 확률이 높은 복부를 찔리고 가라테 경험이 있는 경찰관은 손발을 다치는 일이 많다는 이야기를 들었다. 검도 숙련자가 경찰봉을 휘두르면 초보자의 칼 따위는 간단히 제압하겠지만…….

또 전국 시대의 갑옷 무사처럼 미식축구의 프로텍터로 몸을 감싼 상대라면 타격기는 거의 효과가 없다. 던지더라도 지면이 자연의 초원이라면 데미지는 적을 것이다. 이 경우 고류 유술에는 손목이나 팔꿈치를 공격하는 관절기로 상대를 엎어뜨려 한손으로 완전히 제압한 다음 다른 손에 든 단도로 목을 긋는 기술이 있으니 응용이 가능할 듯하다. 그러나 상대가 평상복 차림이라면 좀 더 간단하게 상처 없이 제압하는 기술을 가르치는 유파도 있다. 뜬금없는 소리이지만, 그저 이기는 것이 목적이라면 총이 최강이다. 총기 소지가 불법인 평화로운 일본에서는 환상의 최강 격투기를 찾지 말고 자신의 기호나 체격에 맞는 격투기를 고를 것을 권한다.

제 8 장 기(氣)의 과학

Question
89

전통 무술의 준비 자세는 어쩐지 허술해 보이는데, 그래도 괜찮은 것일까?

전통 무술의 준비 자세를 단순히 겉모습만 흉내 내어 권투 선수와 대결하면 풋워크를 따라잡지 못해 공격을 전혀 맞히지 못하고 오히려 안면에 소나기 펀치를 허용할 것이다. 그러나 달인 수준이 되면 내 경험상으로도 바이오메카닉스로는 설명하기 어려운 신기한 현상이 일어난다.

나는 중국 무술가인 이토 신이치 사범을 상대로 먼저 '기를 조종하지 않는다.'는 조건 아래 펀치로 자유롭게 연속 공격을 했다. 물론 이토 사범은 펀치를 전부 피하거나 쳐냈지만, 타격 계열 격투기 경험자를 상대했을 때와 똑같은 느낌이 들었다. 그런데 이어서 이토 사범이 '기를 조종하기' 시작한 순간, 내가 펀치를 날리려 때마다 미리 안면을 피하는데 그것을 알고 있음에도 어째서인지 안면이 없는 공간으로 펀치를 날리고 말았다.

신타이도(新体道)의 창시자인 아오키 히로유키 사범은 제자가 공격을 하려고 할 때마다 그 기를 읽고 몸을 살짝 비틀어서 목표의 위치를 옮긴다. 제자는 목표가 자꾸 움직이는 바람에 허리춤에 위치시킨 주먹을 내지르지 못한 채 아오키 사범의 주위를 계속 빙글빙글 맴돌았다.

진가 태극권의 이케다 히데유키 사범은 풀 콘택트 가라테의 상급자이기도 한 제자에게 "마음껏 공격해 보거라."라고 말하고 종종걸음으로 다가갔다. 그리고 제자가 발차기를 하려는 순간 발끝을 쓱 뻗어서는 차는 발의 밑동 부분을 억눌러 차기 동작을 방해했다. 그럴 마음만 있었다면 고환이나 아랫배에 데미지를 줄 수도 있었을 것이다. 제자는 펀치를 날리려고도 했지만 어째서인지 주먹을 내밀지 못하고 양 팔을 제압당했다.

나를 상대로는 "요시후쿠 선생 정도라면 이것으로 충분합니다."라면서 뒷짐을 지고 완전한 무방비 상태로 걸어왔다. 그런데 이때도 나는 마음만 먹으면 얼마든지 맞힐 수 있을 것 같은 펀치를 내뻗을 기회도 없이 접근을 허용해 허무하게 제압당했다. 펀치를 날리기에 적합한 간격을 통과할 때 내가 주먹을 뻗으려 하는 '기'를 읽고 작은 움직임으로 목표의 위치를 옮겨서 펀치를 날리지 못하게 한 듯하다.

마지막으로 소개할 것은 가라테 무술가인 우시로 겐지 사범이 어떤 텔레비전 방송에서 보여준 시범이다. 우시로 사범은 글러브를 끼운 손을 가볍게 내민 채로 프로 권투 선수에게 자유롭게 공격하라고 말했다. 사범은 발꿈치를 바닥에 붙이고 거의 움직이지 않았으며 펀치를 막거나 쳐내는 일도 거의 없었지만, 그럼에도 프로 권투 선수의 맹렬한 소나기 펀치는 전부 허공을 갈랐다.

권투 선수는 "이상하게 맞힐 수가 없네요!"라며 귀신에 홀린 듯한 표정을 지을 뿐이었다. 그런데 그 장면을 옆에서 촬영한 영상을 보면 간격이 너무 멀어서 애초에 사범의 얼굴에는 도달하지 못하고 있었다. 간격에 대한 감각을 완전히 흐트러뜨린 모양이었다.

이어서 우시로 사범이 걷듯이 전진하면서 가볍게 치자 권투 선수는 순식간에 도장의 구석으로 몰렸다. 반격은커녕 가볍게 내지르는 사범의 주먹을 전혀 보지 못하는 느낌이었다.

지금까지 소개한 네 사범의 기술의 차이가 무엇인지는 정확히 알 수 없지만, 모든 사범이 '기'의 존재를 인정한다고 분명히 말했으므로 실제로 상대의 공격 동작보다 먼저 공격의 '기를 읽을 수 있는' 것이 분명하다. 또한 자신이 공격할 때는 공격의 '기운을 지운다.'는 공통점이 있는 듯하다.

인간은 동작을 하기 전에 대뇌피질의 연합 영역에서 지령을 만들며, 그 지령이 신경에 전달되어 동작이 시작되기까지 약 0.3초가 걸린다. 그 사이의 뇌 활동에 동반되는 '기'를 통해 동작이 시작되기 전에 동작을 읽을 가능성을 생각할 수 있는데, 자세한 내용은 아직 수수께끼에 싸여 있다. '기'에 관해서는 Q90에서 검토하도록 하자.

Question

90

전통 무술의 '기'는 정말 있는 것일까? 있다면 위력은 어느 정도일까?

태극권 등에서는 자신의 몸속에 '기가 흐르는' 것을 느끼면서 기술을 걸면 효과가 높아진다. 가령 손목을 잡혔을 때 자신의 팔에서 상대의 팔의 어깨 부근까지 '기를 흘려보내'면서 되밀면 상대는 저항하지 못하고 뒤쪽으로 비틀거린다.

이와 같은 사실에 관해 네 가지 가능성을 생각할 수 있다.

① '기'는 존재하지 않으며, '기가 흐른다.'고 생각하면 동작이 잘 된다.

② '기'는 존재하며, 그 '기'의 작용을 통해 동작이 강력하고 정교해진다.

③ '기'는 존재하며, '기'를 상대에게 전달함으로써 본인의 의지와는 다르게 동작하도록 만든다.

④ '기' 자체의 물리적 작용으로 상대의 몸이 비틀거린다.

①은 '기'가 단순히 주관적인 것이며 객관적으로는 존재하지 않는다는 견해다. ②는 '기'의 존재는 인정하지만 그것은 자신의 내부에만 있는 현상일 뿐 타인이나 외부 세계에는 영향을 끼치지 않는다는 해석이다. 그러나 실제로 기공사가 발하는 '기'가 생물에 영향을 끼쳤음을 과학적 수법으로 확인한 연구 보고도 다수 있다.

'기'의 존재에 관해서는 나도 다음과 같은 경험을 했다. 중국 소림사 무술가들의 연무를 몇 미터 떨어진 거리에서 봤는데, 지르기나 차기 등 공격의 동작을 할 때마다 서늘하고 날카로운 '기'가 파동처럼 내 몸에 전해졌다.

그리고 이어진 의료 기공 사범의 연무에서는 팔을 천천히 움직이는 등의 동작을 할 때마다 부드럽고 기분 좋은 '기'의 파동을 느낄 수 있었다. 나뿐만 아니라 옆자리에 있었던 대학 교수도 똑같은 느낌을 받았다고 한다.

이것으로 '기'가 존재하며 타인에게 어떤 형태의 감각을 만들어냄은 알았다. 그렇다면 ③과 같이 의지와는 다른 움직임을 유발할 수는 있을까? 나는 다음과 같은 경험도 했다.

니시노류(流) 기공법 사범의 도장에서 잠시 '기에 대한 감도를 높이는 연습'을 한 뒤에 서서 쉬고 있는데, 사범이 양손을 내지르는 듯한 동작으로 내게 '기'를 발했다. 나는 그 '기'에 밀려서 도장 구석까지 비틀거리며 걸어갔다가 매트로 둘러싸인 벽에 부딪친 뒤 다시 원래 있었던 방향으로 걸어갔다.

그리고 사범의 옆을 스쳐 지나갈 때 갑자기 누군가가 몸을 옆으로 잡아당기는 느낌이 들더니 방향이 크게 바뀌었다. 그때 촬영한 사진을 보면 2~3 m 떨어진 사범이 나를 향해 불러들이는 듯한 동작을 취하고 있었다. 또 '뒤에서 기로 잡아당겨지는' 경험도 했다.

이러한 경험을 볼 때 '기'가 내게 어떤 동작을 유발한 것은 사실이다. 이때 나는 동작을 멈출 수도 있었는데, 장기간 이 사범의 '기'를 받은 사람들은 감도가 높아져서 의지와는 무관하게 뒤로 날아가 버렸다.

물론 이 사범은 무술가가 아니므로 불시에 습격한 괴한을 '기'의 힘으로 날려버릴 수 있으리라고는 생각되지 않지만, 그럴 수 있는 무술가가 없다고는 단언할 수 없다. 다만 현 시점에서는 가능성 ③이 아니라 명백히 ④라고 말할 수 있을 정도의 현상은 목격하지 못했다.

앞에서 소개한 이케다 히데유키 사범은 손바닥을 가볍게 몇 번 비벼서 '기'를 집중시키면 손바닥이 핫팩처럼 뜨거워진다. 내가 측정한 결과에 따르면 손바닥의 온도가 섭씨 35.7도에서 42도 이상(측정 한계를 넘어서서 측정 불가)으로 급상승했다. 한편 다른 사람이 온힘을 다해 손을 수십 번 비볐을 때 상승한 온도는 섭씨 0.2도 이하였다. 또한 이케다 사범은 전완이나 보디에 '기를 집중'해서 목검이나 쇠망치 가격을 태연하게 받아내기도 했다. 이렇듯 '기'에는 거대한 미지의 가능성이 숨어 있다.

후기

어린 시절에 나는 허약한 체질이어서 운동에 전혀 소질이 없었다. 캐치볼을 해도 공을 거의 받지 못했고 제구 능력도 형편없어 상대에게 정확히 던지지 못했다. 힘도 약해서 씨름에 이긴 기억이 없다.

그러다 보니 자연스럽게 내성적이고 친구들에게 하고 싶은 말도 못하는 소극적인 심리 상태가 된 나는 지금처럼 집단적이고 음험한 수준은 아니지만 괴롭힘의 '표적'이 되어 괴롭힘을 당하고는 울며 집으로 돌아오곤 했다.

그런 상황 속에서도 어린 시절부터 영화 속의 히어로를 동경했던 나는 '강해지고 싶다.'는 생각을 항상 품고 있었는데, 대학에 들어가 기나긴 입시 공부로부터 해방됐을 때 그 생각을 실행에 옮겼다.

처음에는 근육 트레이닝(당시는 보디빌딩이라고 했다)을 했다. 빼빼 마른 몸으로 우락부락한 사람들 틈에 섞여서 친구들이 혀를 내두를 만큼 열심히 바벨과 씨름했다. 소질을 타고나지 못해 벤치프레스 70 kg, 스쾃 100 kg이 한계였지만, 그래도 조금은 근육질의 몸이 될 수 있었다.

그러던 어느 날, 시험 삼아 목도로 어깨 등을 얻어맞아 본 나는 재미있는 사실을 깨달았다. 근육의 힘으로 죽도를 튕겨내자 육체적으로는 물론이고 정신적으로도 데미지가 없었던 것이다. 어린 시절에 가볍게 얻어맞기만 해도 몸과 마음에 데미지를 받고 울음을 터트렸던 것이 거짓말처럼 느껴졌다. 이 일을 계기로 소극적이었던 마음이 점차 적극적으로 됐고 자신감이 붙었다.

다음에는 소림사 권법에 도전했다. 무술은 보기만 해도 무섭고 가까이하기 어려운 세계였지만 과감하게 발을 들였다. 그런데 천성적으로 몸이 유연하지 못해서 발차기를 하려 해도 발이 올라가지 않았고 초짜에게 관절기를 당해도 아파서 견딜 수가 없었으며 손목에 이상이 생겼다.

이런 이유도 있고 해서 결국 검은 띠에 도달하지 못한 채 권법부를 탈퇴하고 말았지만, 지르기와 차기에 대한 공포심이 약해졌고 무서운 상대라 해도 당당하게 마주보며 정면으로 맞설 마음의 자세가 만들어진 것은 커다란 성과였다. 여기에 근육 트레이닝을 통해 몸의 구조를 공부하고 권법을 통해 무술의 움직임을 안 것은 훗날의 바이오메카닉스 연구에 큰 도움이 됐다. 어떤 일이든 열심히 몰두하면 인생에 도움이 되는 것이다.

30대 중반에는 사이클 로드 레이스에 열중했다. 그런데 어떤 레이스에서 밀집해 질주하던 가운데 뒤에서 치고 나오던 선수가 나를 들이받아 넘어지는 일이 있었다. 레이스가 끝난 뒤 그 사람은 내게 와서 "네가 진로를 방해했잖아!"라며 멱살을 잡았다. 예전 같으면 두려움으로 공황 상태에 빠져서 나도 모르게 드잡이를 시작했을 것이다.

그러나 그때 나는 지극히 냉정했다. 상대가 몸집은 크지만 무술 경험이 없음을 순간적으로 간파했다. 당시 거의 마스터했던 장저치기를 이용한 촌경으로 무방비 상태의 턱을 가격했다면 일격에 쓰러뜨릴 수도 있었다. 그러나 여유를 갖고 대응했고, 그러는 사이에 상대의 일행이 "레이스 중에 일어난 일이니 저 사람도 어쩔 수 없었을 거야. 그냥 잊어버려."라며 중재한 덕분에 아무 일 없이 원만하게 끝낼 수 있었다. 그리고 나중에 어떤 사범에게 그 촌경을 보여줬는데, "그때 참으시길 잘했습니다. 잘못했으면 상대의 경추를 손상시켜서 체포됐을지도 몰라요."라는 이야기를 들었다. 무술은 검과 같아서, 든든한 정신적 버팀목으로서 날카로움을 유지한 채 평생 칼집 속에 넣어 두는 것이 가장 좋다.

현재의 나는 그 후 더욱 무술을 연마한 것도 있어서 당시보다 더 강해졌다. 그 '강함'은 인생의 어떤 고난에도 냉정하게 대처하고 불필요한 싸움을 피하며 주위와 대립하지 않고 사이좋게 지내기 위한 '마음의 강함'이기도 하다. 젊은 여러분에게 감히 말하건대, 몸을 단련하는 것은 마음을 단련하는 것이며 '마음의 강함이야말로 진정한 강함'이다.

마지막으로, 아름다우면서도 박력 넘치는 삽화를 그렸으며 나의 수많은 수정 요구에 흔쾌히 응해 주신 dackQ 씨와 과학 서적 편집부의 이시이 겐이치 씨에게 감사의 인사를 전한다.

참고문헌

『강해지기 위한 지름길—역학으로 푸는 격투기(強くなる近道 力学でひもとく格闘技)』 다니모토 미치야(谷本道哉), 아라카와 히로시(荒川裕志) 공저, 베이스볼 매거진사, 2009년

『격투기 기술 대사전(格闘技 技の大事典)』 베이스볼 매거진 편저, 베이스볼 매거진사, 2006년

『격투기 '비기'의 과학(格闘技「奥義」の科学)』 요시후쿠 야스오 저, 고단사(講談社), 1995년

『권투(ボクシング)』 신세이출판사(新星出版社)

『무술 '비기'의 과학(武術「奥義」の科学)』 요시후쿠 야스오 저, 고단사, 2010년

『사가와 유키요시 선생전—다이토류 아이키의 진실(佐川幸義先生伝 大東流合気の真実)』 다카하시 겐(高橋 賢) 저, 후쿠쇼도(福昌堂), 2007년

『숨겨져 있던 가라테(隠されていた空手)』 히가키 겐노스케(桧垣 源之助) 저, 챔프, 2005년

『시작해 보자! 소림사 권법(はじめよう! 少林寺拳法)』 베이스볼 매거진 편저, 베이스볼 매거진사, 2009년

『유도(柔道)』 신세이출판사

『최강 격투기 더 무에타이(最強格闘技 ザ・ムエタイ)』 모치즈키 노보루(望月 昇) 저, 아이류도(愛隆堂), 1989년

DVD '무게이주쿠 태극권 실전 이론—태극권을 사용하자!(無形塾太極拳実戦理論 太極拳を使う!)' BAB재팬

ㄱ

각운동량 80
각운동량 보존의 법칙 80
검도 22, 194, 196, 212
경반사 98
고(靠) 32
고양이발 서기 139
고환 차기 139, 186
공기 던지기 126
광배근 164
그레이시 유술 188, 212
기(氣) 219, 220

ㄴ

나오는 발 차기 120
내리누르기 30
누우면서던지기 122

ㄷ

더킹 142
뎃포바시라(鉄砲柱) 34
돌려차기 18, 20~22, 24, 80~84, 88~94, 96, 97, 102, 104, 170, 198, 200~202, 204
두상골 154, 156
뒤누르기 132
등주먹 18, 24, 52, 154
뛰어 무릎차기 86

ㄹ

레슬링 66, 108, 110, 124
로 킥 84, 138, 170, 176, 198, 200
롱 훅 12

ㅁ

모로떨어뜨리기 126
목씨름 86, 98, 100, 110
무릎차기 86, 98, 100, 104, 200
무에타이 20, 76, 92, 94, 96, 98, 100, 104, 110, 198
미들 킥 23, 84, 198~200

ㅂ

박치기 32, 34, 35, 42, 100, 124, 170, 210
발경 32
발뒤꿈치 내려찍기 90
발중 26
밭다리후리기 120
백스텝 176
볏짚 감은 기둥 치기 174
브라질리언 킥 84
블로킹 142, 182

ㅅ

사이드 스텝 176
삼전서기 138
상박부 30
상완삼두근 52
상완이두근 52
소림사 권법 16, 42, 48, 51, 54, 59, 92, 94, 102, 124, 130, 132, 143, 174, 187
소매 감아 뒤집기 116

손 끼우기 싸움 30
손바닥치기 54
숏 펀치 58
수도 186
스모 30, 34, 36, 124, 128, 170, 210, 214
스텝 인 176
스트레이트 16, 18, 20~22, 40~43, 48, 50, 51, 54, 59, 64, 65, 66, 70, 72, 74, 76, 82, 83, 165, 176, 181, 206
스파링 182

ㅇ

아이키도 206, 208
안아조르기 123
앞마와시 214
앞차기 20~22, 84, 94~97, 102, 138, 186, 187, 198
야구 방망이 부러뜨리기 171
어퍼컷 42, 44, 64, 66, 72
업어치기 120
역소수 132
영경(零勁) 60
옆구리겨눔 196
와키자시 196
요골(橈骨) 54, 192
운동량 10, 12~19, 26, 46, 56, 62, 70~71, 86, 104, 142~143, 148, 158, 174, 199
원투 40, 48, 58
위빙 142
유도 100, 120, 124, 126, 130
유술 130, 188, 212
이마 박기 34, 36
일본 권법 41, 42, 51, 59, 97

ㅈ

작용 반작용의 법칙 10
장저치기 54, 58, 60, 154, 202
잽 40, 41, 48, 70, 181
전통 가라테 42, 92, 94
정면 수도치기 90
중국 권법 32, 42, 76, 90, 96, 124, 130, 132, 142, 174, 198

ㅊ

철사장 174
철산고 32
촌경 58
충격량 10~17, 24, 27, 32, 46, 50~51, 56~57, 62, 70~71, 86, 96~97, 143, 158~161, 200

ㅋ

K-1 72, 76, 84, 96, 98, 100, 108, 110, 138, 154, 202, 210
콤비네이션 82
크로스 카운터 70
키드니 블로 68
킥복싱 42, 96, 198

ㅌ

태극권 206, 208
텔레폰 펀치 41
템플 44
토크 112, 118
투로 206

ㅍ

파각(擺脚) 90
팔가로누워꺾기 118
팔꿈치치기 18, 32, 76, 100, 124

패링 ··· 142
편손끝 ··· 174, 186
풀 콘택트 가라테 ··· 81, 92, 96, 108, 172, 182, 198, 200, 210, 211, 218
풋워크 ··· 176

ㅎ

하이 킥 ··· 20, 84, 88, 92, 102, 186, 198, 200, 204, 206
한손 비틀어 쓰러뜨리기 ··· 116, 132
햄스트링 ··· 102
홀드력 ··· 144
회내 ··· 130
회외 ··· 130
훅 ··· 20, 22, 42~45, 58, 64, 72, 82, 158, 176
히트 머슬 ··· 164

강함과 부드러움의 조화 **격투기의 과학**

지은이 | 요시후쿠 야스오
옮긴이 | 김정환
펴낸이 | 조승식
펴낸곳 | (주)도서출판 북스힐

등록 | 제22-457호
주소 | 01043 서울 강북구 한천로 153길 17
(수유2동 240-225)
홈페이지 | www.bookshill.com
전자우편 | bookswin@unitel.co.kr
전화 | 02-994-0071
팩스 | 02-994-0073

2017년 1월 5일 1판 1쇄 인쇄
2017년 1월 10일 1판 1쇄 발행

값 12,000원
ISBN 979-11-5971-024-7
978-89-5526-729-7(세트)